Stable Diffusion AI绘画教程

文生图+图生图+提示词+模型训练+插件应用

龙飞◎编著

·北京·

内 容 简 介

80多个实操案例解析 + 130多分钟同步教学视频 + 230多个素材效果文件 + 500多张图片全程图解，随书还赠送了155页PPT教学课件、15000多个AI绘画关键词等资源，助你轻松掌握Stable Diffusion的“文生图 + 图生图 + 提示词 + 模型训练 + 插件应用”等技巧，让AI绘画变得更简单、更轻松、更高效！

书中内容分两条线——技能线和案例线展开介绍，具体内容如下。

一条是技能线，详细介绍了Stable Diffusion的部署安装、页面功能、文生图技巧、图生图技巧、提示词使用技巧、模型使用技巧、高级处理功能、插件应用技巧，以及网页版Stable Diffusion的使用技巧等内容，帮助读者一步步精通Stable Diffusion的AI绘画核心技术。

一条是案例线，详细介绍了人像、风光、建筑、二次元、游戏、插画、动漫、产品、海报、动物、植物、文字等大量的AI绘画实操案例，且每个实例都设置了二维码，利用手机扫码可以随时随地看视频，即使是零基础的读者也能够轻松学会Stable Diffusion。

本书内容从零起步，循序渐变，案例丰富，适合对使用Stable Diffusion进行AI绘画感兴趣的读者，比如AI绘画爱好者、AI画师、AI绘画训练师、游戏角色原画师、插画师、设计师、电商美工、影视制作人员，也可作为AI相关培训机构、职业院校的参考教材。

图书在版编目（CIP）数据

Stable Diffusion AI绘画教程：文生图+图生图+提示词+模型训练+插件应用 / 龙飞编著. —北京：化学工业出版社，2024.1（2025.1 重印）

ISBN 978-7-122-44336-6

Ⅰ. ①S… Ⅱ. ①龙… Ⅲ. ①图像处理软件-教材 Ⅳ. ①TP391.413

中国国家版本馆CIP数据核字（2023）第200354号

责任编辑：李　辰　孙　炜　　封面设计：异一设计
责任校对：王鹏飞　　装帧设计：盟诺文化

出版发行：化学工业出版社（北京市东城区青年湖南街 13 号　邮政编码 100011）
印　　装：北京宝隆世纪印刷有限公司
710mm × 1000mm　1/16　印张$14^1/_4$　字数330千字　2025年1月北京第1版第3次印刷

购书咨询：010-64518888　　售后服务：010-64518899
网　　址：http://www.cip.com.cn
凡购买本书，如有缺损质量问题，本社销售中心负责调换。

定　　价：98.00 元

前言

在党的二十大报告第五部分中，将“实施科教兴国战略，强化现代化建设人才支撑”作为独立章节进行谋划部署，并提出了“三个第一”（科技是第一生产力，人才是第一资源，创新是第一动力）的重要论述，把科技、人才、创新的战略意义提升到新的高度。而人工智能技术在这些发展战略中扮演着重要的角色，是推动这些战略实施的重要手段之一。通过培养更多的人工智能方面的人才，推动人工智能技术在各个领域的应用，可以有效促进经济的发展和社会的进步。

同时，随着人工智能技术的不断发展，AI绘画已经成为艺术领域的一个热门话题。而Stable Diffusion（简称SD）作为一种先进的图像生成技术，更是受到了广泛关注。本书旨在为读者提供全面、实用的Stable Diffusion技术指导和案例分析，帮助读者掌握这一强大的图像生成工具，实现自己的创意和设计需求。

另外，当前的AI绘画市场正在不断扩大，各种图像生成技术层出不穷。根据市场研究机构Technavio的预测，到2025年，全球AI绘画市场规模将达到100亿美元。其中，Stable Diffusion作为最受欢迎的图像生成技术之一，市场份额也在不断增长。此外，随着社交媒体、新媒体等渠道的发展，越来越多的人开始关注和参与到AI绘画领域，这也为Stable Diffusion技术的发展提供了更广阔的市场空间。

编者在深入了解Stable Diffusion技术的过程中，发现当前市场上关于该技术的书籍存在一定的缺陷和不足，尤其是针对初学者的指导和实践方面的内容较少。因此，编者决定编写这本书，为读者提供更加系统、详细的Stable Diffusion教程，帮助更多的人掌握AI绘画这一先进的技术。

本书具有以下特色。

（1）10大专题内容，全面、实用：本书从基础知识、模型训练、插件应用等多个方面，全面介绍了Stable Diffusion技术的应用和实践方法，共计108个知识点，让读者更加深入地了解Stable Diffusion的应用技巧和绘图方法。

（2）80多个实战案例，讲解清晰、易懂：本书注重语言简洁、清晰，通过80多个实战案例＋130多分钟同步教学视频，力求让读者能够轻松理解Stable Diffusion技术的核心思想和操作方法。

（3）500多张图片，图文并茂，生动有趣：本书采用了大量的插图和实例，让读者更加直观地了解Stable Diffusion的应用效果和操作过程。同时，通过趣味性的案例和实战演练，激发读者对学习Stable Diffusion技术的兴趣和热情。

总之，这是一本全面介绍Stable Diffusion技术的实用指南，适合对人工智能绘画感兴趣的初学者、设计师、艺术家，以及相关领域的从业人员阅读。希望本书能够帮助读者更好地掌握Stable Diffusion技术，实现自己的创意和设计需求。

本书的特别提示如下。

（1）版本更新：在编写本书时，是基于当前Stable Diffusion的界面截取的实际操作图片，但本书从编辑到出版需要一段时间，Stable Diffusion的功能和界面可能会有变动，请在阅读时，根据书中的思路举一反三进行学习。注意，本书使用的Stable Diffusion版本为1.5.2。

（2）模型和插件的使用：在Stable Diffusion中进行AI绘画时，模型和插件的重要性远大于提示词，用户需要使用对应的大模型、VAE模型、Lora模型和相关插件，才能绘制出正确的图像效果。具体的图片生成参数信息，用户可以参照本书8.2.5这一节介绍的方法进行查看。

（3）提示词的使用：提示词也称为关键词或“咒语”，Stable Diffusion支持中文和英文提示词，但建议读者尽量使用英文提示词，出图效果更加精准。同时，Stable Diffusion对于提示词的语法格式有严格的要求，具体内容书中有介绍，此处不赘述。最后再提醒一点，即使是相同的提示词，在不同的参数设置下

Stable Diffusion每次生成的图像内容也会有差别。

在使用本书进行学习时，读者需要注意实践操作的重要性，只有通过实践操作，才能更好地掌握Stable Diffusion的应用技巧。在使用Stable Diffusion进行创作时，需要注意版权问题，应当尊重他人的知识产权。另外，读者还需要注意安全问题，应当遵循相关法律法规和安全规范，确保作品的安全性和合法性。

本书由龙飞编著，参与编写的人员还有苏高、胡杨等人，在此表示感谢。由于作者知识水平有限，书中难免有疏漏之处，恳请广大读者批评、指正，沟通和交流请联系微信：2633228153。

编著者

目　录

第 1 章

13 个入门技巧，快速掌握 Stable Diffusion

Stable Diffusion是一个热门的AI图像生成工具，但对初学者来说，掌握Stable Diffusion却是一项具有挑战性的任务。为了帮助大家快速掌握这个工具，本章将分享13个入门技巧，帮助大家快速部署并应用Stable Diffusion。

1.1 本地配置与部署 Stable Diffusion

Stable Diffusion 是一个开源的深度学习生成模型，能够根据任意文本输入生成高质量、高分辨率、高逼真的图像。为了帮助大家快速入门并充分利用这个功能强大的 AI 绘画工具，本节将详细介绍 Stable Diffusion 的配置要求、安装方法和一些基本设置技巧。

1.1.1 Stable Diffusion 的配置要求

Stable Diffusion 是最受欢迎的人工智能（Artificial Intelligence，AI）绘画工具之一，它快速、直观，并且能够产生令人印象深刻的图像效果。如果用户有兴趣自己使用 Stable Diffusion，则需要检查计算机配置是否符合要求，因为它对计算机配置的要求较高。

不同的 Stable Diffusion 分支和迭代版本可能有不同的要求，因此需要检查每个版本的具体规格。Stable Diffusion 的基本配置要求如下。

❶ 操作系统：Windows、macOS。

❷ 显卡：不低于 6GB 显存的 N 卡（指 NVIDIA 系列的显卡）。

❸ 内存：不低于 16GB 的 DDR4 或 DDR5 内存。DDR（Double Data Rate）是指双倍速率同步动态随机存储器。

❹ 安装空间：12GB 或更多，最好使用固态硬盘（Solid State Disk 或 Solid State Drive，SSD）。

这是 Stable Diffusion 的最低配置要求，如果用户想要获得更好的出图结果和更高分辨率的图像，则需要更强大的硬件。如具有 10GB 显存的 NVIDIA RTX 3080 或者更新的 RTX 4080 和 RTX 4090，它们分别有 16GB 和 24GB 的显存。图 1-1 所示为 2023 年 8 月的桌面显卡性能天梯图，越往上的显卡性能越好，价格也越高。

虽然 Stable Diffusion 官方并不支持超威半导体公司（Advanced Micro Devices，AMD）和 Intel（英特尔公司）的显卡，但是已经有一些支持这些显卡的分支，不过安装过程比较复杂。当然，如果用户没有高性能的图形处理器（Graphics Processing Unit，GPU），也可以使用一些网页版的 Stable Diffusion，没有任何硬件要求。

例如，LiblibAI 是一款由北京奇点星宇科技有限公司开发和运营的 AI 绘画原创模型网站，使用了 Stable Diffusion 这种先进的图像扩散模型，可以根据用户输入的文本提示词（Prompt）快速地生成高质量且匹配度非常精准的图像，如

图 1-2 所示。不过，在线版的 Stable Diffusion 通常需要付费才能使用，用户可以通过购买平台会员来获得更多的生成次数和更高的生成质量。

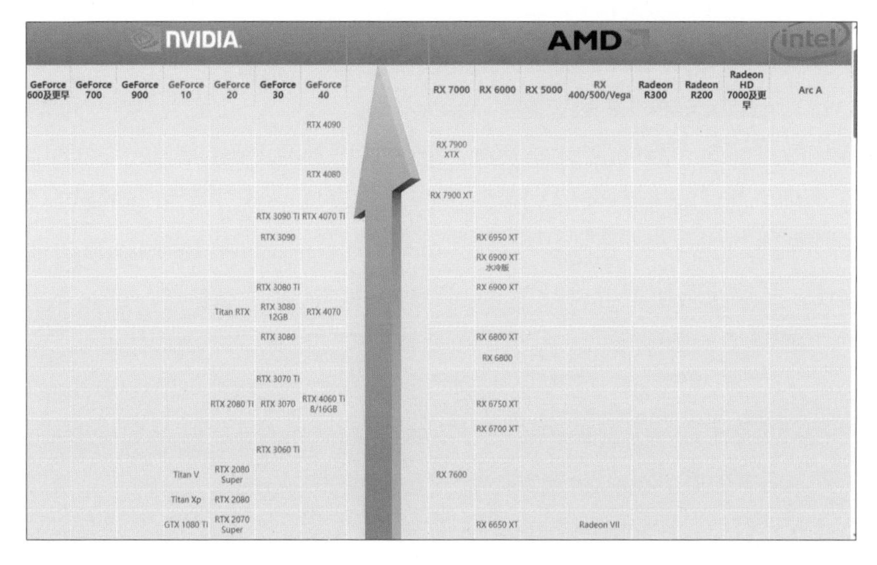

图1-1　2023年8月的桌面显卡性能天梯图（部分显卡）

图 1-2　LiblibAI 的在线 Stable Diffusion 功能

【技巧总结】：Stable Diffusion 的推荐配置

要流畅运行 Stable Diffusion，推荐的计算机配置如下。

❶ 操作系统：Windows 10 或 Windows 11。

❷ 处理器：多核心的 64 位处理器，如 13 代以上的 Intel i5 系列或 i7 系列，或者 AMD Ryzen 5 系列或 Ryzen 7 系列。

❸ 内存：32GB 或以上。

❹ 显卡：NVIDIA GeForce RTX 4060TI（16GB 显存版本）、RTX 4070、RTX 4070TI、RTX 4080 或 RTX 4090。

❺ 安装空间：大品牌的 SSD 硬盘，500GB 以上的可用空间。

❻ 电源：为了保证显卡能够稳定运行，建议选择额定功率为 750W 或以上的大品牌电源。

此外，如果使用笔记本运行 Stable Diffusion，需要注意散热问题，因为运行过程中 GPU 可能会满载运行，温度会非常高。

1.1.2 Stable Diffusion 的安装流程

随着人工智能技术的不断发展，许多人工智能绘画软件应运而生，使绘画过程更加高效、有趣。Stable Diffusion 是其中备受欢迎的一款，它使用有监督深度学习算法来完成图像生成任务。下面以 Windows 10 操作系统为例，介绍 Stable Diffusion 的安装流程。

1. 下载 Stable Diffusion 程序包

首先需要从 Stable Diffusion 的官方网站或其他可信的来源下载该软件的程序包，文件名通常为 Stable Diffusion 或者 sd-xxx.zip/tar.gz，xxx 表示版本号等信息。下载完成后，将压缩文件解压到安装目录下，如图 1-3 所示。

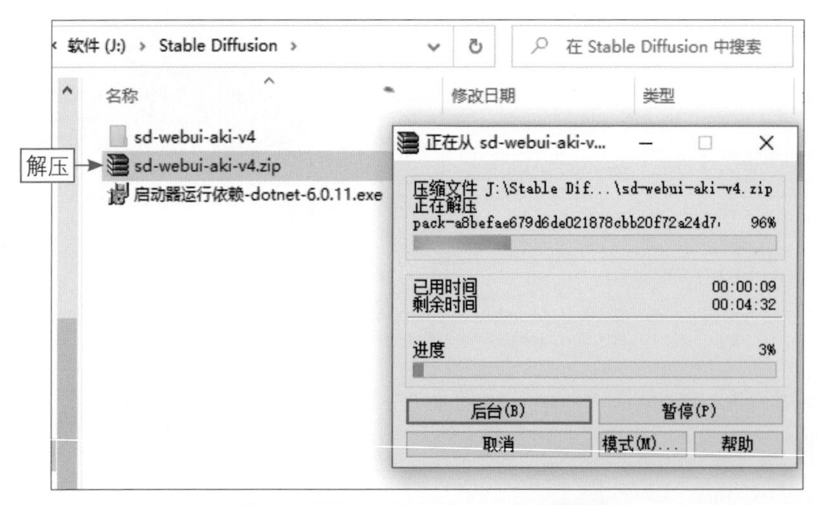

图 1-3　解压 Stable Diffusion 的安装文件

2. 安装 Python 环境

由于 Stable Diffusion 是使用 Python 语言开发的，因此用户需要在本地安装 Python 环境。用户可以从 Python 的官方网站下载 Python 解释器，如图 1-4 所示，并按照提示进行安装。注意，Stable Diffusion 要求使用 Python 3.6 以上版本。

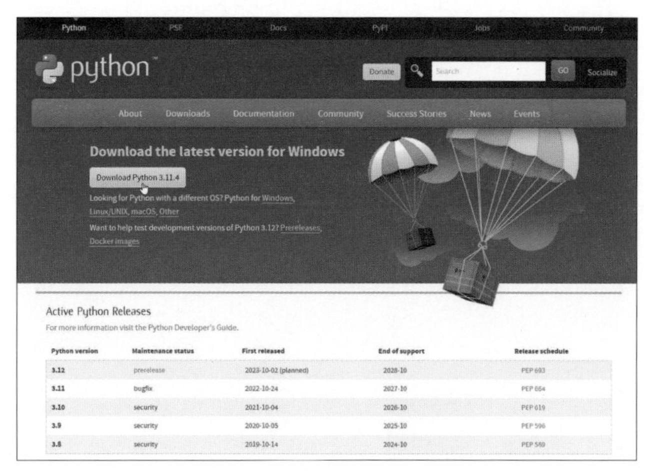

图 1-4　从 Python 的官方网站下载 Python 解释器

3. 安装依赖项

在安装 Stable Diffusion 之前，用户需要确保下列依赖项已经正确安装。

（1）PyTorch：PyTorch 是一个开源的 Python 机器学习库，它提供了易于使用的张量（tensor）和自动微分（automatic differentiation）等技术，这使得它特别适合于深度学习和大规模的机器学习。

（2）NumPy：NumPy 是 Python 的一个数值计算扩展，它提供了快速、节省内存的数组（称为 ndarray），以及用于数学和科学编程的常用函数。

（3）pillow：pillow 是 Python 的一个图像处理库，可以用来打开、操作和保存不同格式的图像文件。

（4）scipy：scipy 是一个用于 Python 的数学、科学和工程库，它提供了许多数学、统计、科学和工程方面的工具。

（5）tqdm：tqdm 是一个快速、可扩展的 Python 进度条库，它可以在长循环中添加一个进度提示，让用户知道程序的进度。

在安装这些依赖项之前，用户需要确保计算机中已经安装了 Python，并且可以通过命令行运行 Python 命令。用户可以使用 pip（Python 的包管理器）来安装这些依赖项，具体安装命令为：pip install torch numpy pillow scipy tqdm。

当然，用户也可以使用由 B 站大咖“秋葉 aaaki”分享的“秋叶整合包”，一键实现 Stable Diffusion 的本地部署，只需运行“启动器运行依赖 -dotnet-6.0.11.exe”安装程序，然后单击“安装”按钮即可，如图 1-5 所示。执行操作后，等待出现“控制台”窗口，不必在意“控制台”窗口中的内容，保持其打开状态即可。稍待片刻，将会出现一个浏览器窗口，表示 Stable Diffusion 的基本软件已经安装完毕。

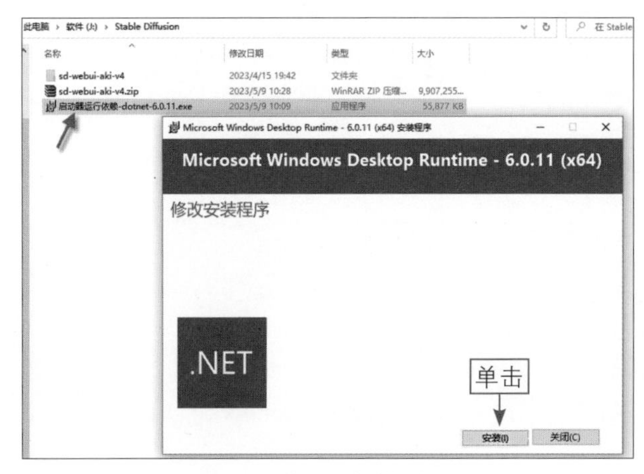

图 1-5　单击“安装”按钮

【技巧总结】：安装 Stable Diffusion 的注意事项

在安装 Stable Diffusion 的过程中，用户还要注意以下事项。

❶ 由于 Stable Diffusion 是一个复杂的模型库，因此安装和运行时可能需要较高的系统资源，如内存、显存和存储空间等，用户需要确保计算机硬件配置满足要求。

❷ 确保关闭其他可能影响 Stable Diffusion 安装的程序或进程。

❸ 理论上来说，4GB 显存的 N 卡甚至仅用中央处理器（Central Processing Unit，CPU）都可以安装和运行 Stable Diffusion，但出图速度极慢，不推荐。

❹ Stable Diffusion 的安装目录尽可能不要放在 C 盘，同时安装位置所在的磁盘要留出足够的空间，建议 100GB 以上。

1.1.3　【实战】：启动 Stable Diffusion

扫码看教学视频

启动 Stable Diffusion 的方式取决于用户使用的具体软件版本和安装方式。下面以“秋叶整合包”为例，介绍启动 Stable Diffusion 的操作方法。

步骤 01 打开安装文件所在目录，进入 sd-webui-aki-v4 文件夹，找到并双击“A 启动器 .exe”图标，如图 1-6 所示。

此电脑 › 软件 (J:) › Stable Diffusion › sd-webui-aki-v4　　在 sd-webui-aki-v4 中搜索

名称	修改日期	类型	大小
tmp	2023/2/15 20:54	文件夹	
.gitignore	2023/1/29 10:52	GITIGNORE 文件	1 KB
.pylintrc	2022/11/21 11:33	PYLINTRC 文件	1 KB
A启动器.exe ◄ 双击	2023/4/16 11:23	应用程序	2,051 KB
A用户协议.txt	2023/4/15 10:28	文本文档	2 KB
B使用教程+常见问题.txt	2023/4/12 0:00	文本文档	2 KB
cache.json	2023/4/11 23:57	JSON 文件	1 KB
CODEOWNERS	2022/11/21 11:33	文件	1 KB
config.json	2023/4/12 22:46	JSON 文件	10 KB
environment-wsl2.yaml	2022/11/21 11:33	YAML 文件	1 KB
launch.py	2023/4/12 22:43	Python File	15 KB
LICENSE.txt	2023/1/29 10:52	文本文档	35 KB
params.txt	2023/4/15 19:43	文本文档	1 KB
README.md	2023/4/12 22:43	MD 文件	11 KB
requirements.txt	2023/4/12 22:43	文本文档	1 KB
requirements_versions.txt	2023/4/12 22:43	文本文档	1 KB
screenshot.png	2023/1/29 10:52	PNG 文件	411 KB
script.js	2023/4/12 22:43	JavaScript 文件	3 KB
style.css	2023/4/12 22:43	层叠样式表文档	16 KB

图1-6　双击“A启动器.exe”图标

★ 专 家 提 醒 ★

如果用户安装的是原版的 Stable Diffusion，可以在系统中打开“命令提示符”窗口，在命令行中进入 Stable Diffusion 程序包的目录，使用以下命令运行程序：python run_diffusion.py --config_file=config.yaml。

步骤 02 执行操作后，即可打开“绘世”启动器程序，在主界面中单击“一键启动”按钮，如图 1-7 所示。

图 1-7　单击“一键启动”按钮

步骤 03 执行操作后，即可打开“控制台”窗口，让它自动运行一会儿，耐心等待命令运行完成，如图 1-8 所示。

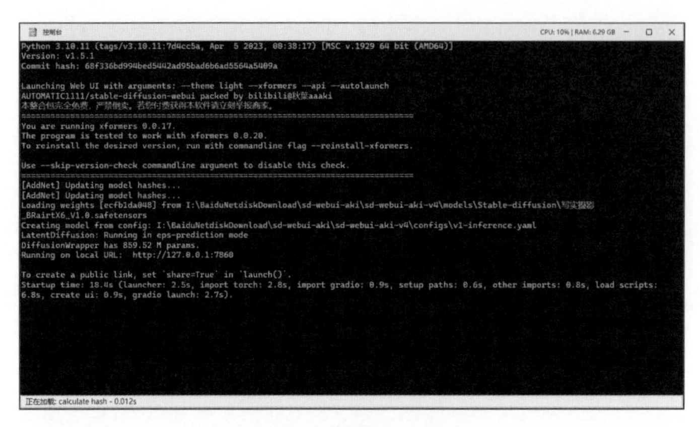

图 1-8 “控制台”窗口

步骤 04 稍等片刻，即可在浏览器中自动打开 Stable Diffusion 的 WebUI 页面，如图 1-9 所示。另外，用户也可以在“控制台”窗口中找到 Stable Diffusion 的运行链接，即统一资源定位（Uniform Resource Locator，URL）后面的 IP 地址，将其复制到浏览器窗口中打开即可。

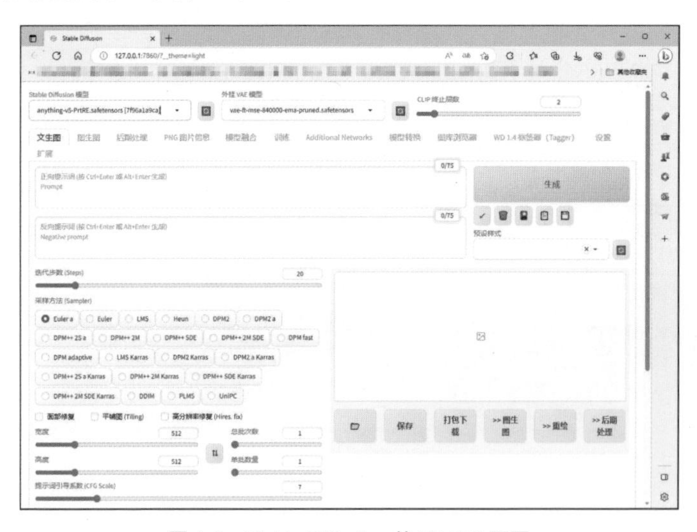

图 1-9 Stable Diffusion 的 WebUI 页面

1.1.4 【实战】：更新 Stable Diffusion 版本

扫码看教学视频

随着 AI 绘画技术的不断升级和应用的广泛推广，Stable Diffusion 也会经常进行版本的更新，从而给用户提供更加稳定、高效和功能丰富的图像生成和处理体验。下面以“秋叶整合包”为例，介绍更新 Stable Diffusion 版本的操作方法。

步骤 01 打开“绘世”启动器程序，在主界面左侧单击“版本管理”按钮进入其界面，在“稳定版”中选择最新的版本，单击“切换”按钮，如图 1-10 所示。

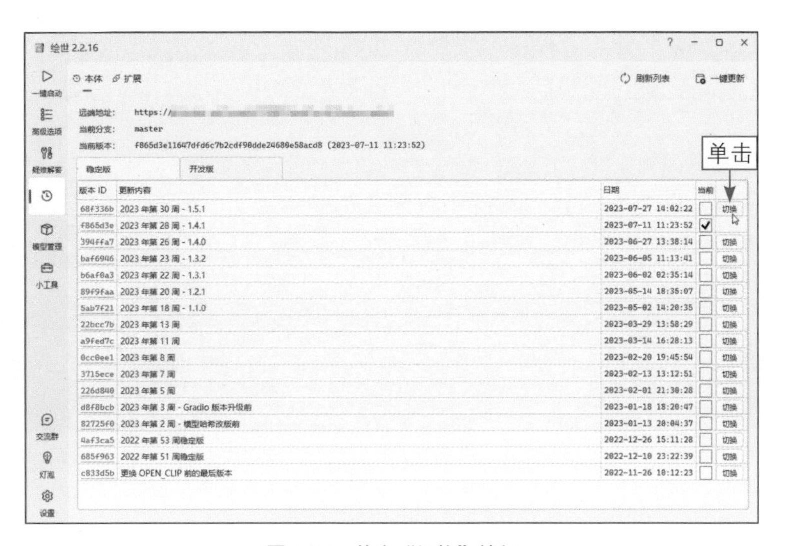

图 1-10　单击“切换”按钮

步骤 02 执行操作后，弹出信息提示框，单击“确定”按钮，如图 1-11 所示，即可更新为最新版本。

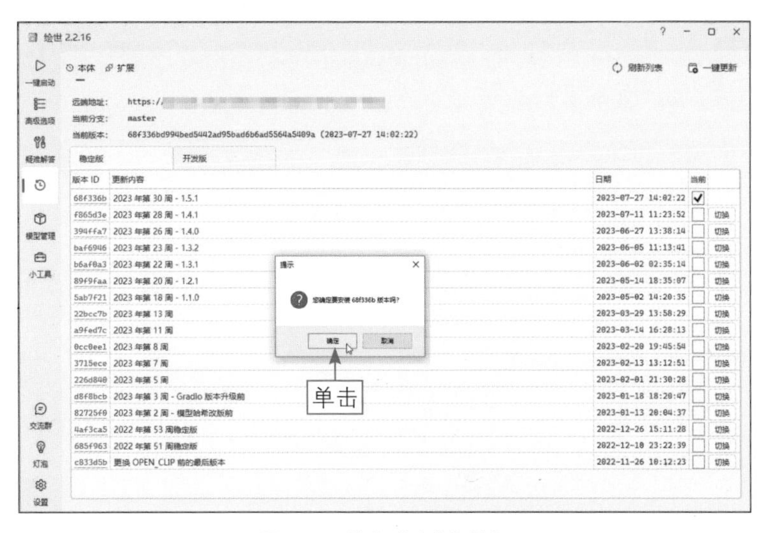

图 1-11　单击“确定”按钮

1.1.5 【实战】：提升 Stable Diffusion 的速度

扫码看教学视频

以 NVIDIA GeForce RTX 4070 显卡为例，在不进行提速设置的情况下，当将“迭代步数”设置为 150 时，Stable Diffusion 只能跑到 16it/s 的速度，如图 1-12 所示。

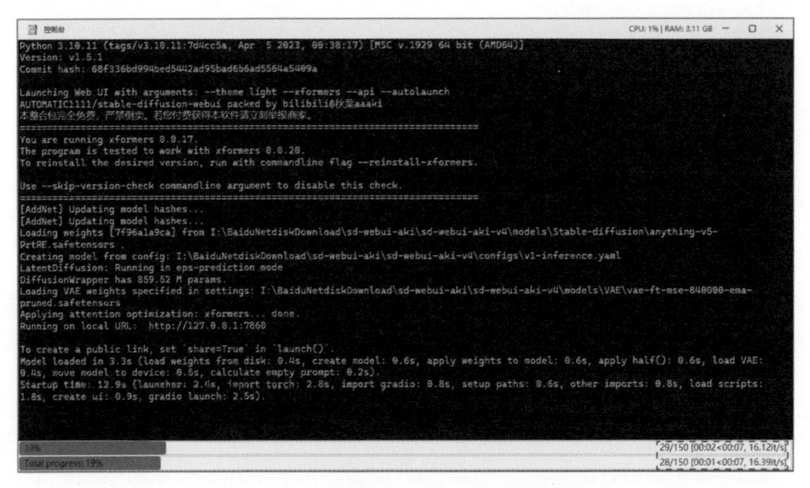

图 1-12　查看默认情况下的出图速度

用户可以将操作系统中的“硬件加速 GPU 计划”功能关闭，即可提升 40% ～ 50% 的性能，具体操作方法如下。

步骤 01 在 Windows 10 操作系统的桌面空白处单击鼠标右键，在弹出的快捷菜单中选择“显示设置”命令，如图 1-13 所示。

步骤 02 执行操作后，打开“设置”窗口，并进入“显示”界面，在其中单击“图形设置”超链接，如图 1-14 所示。

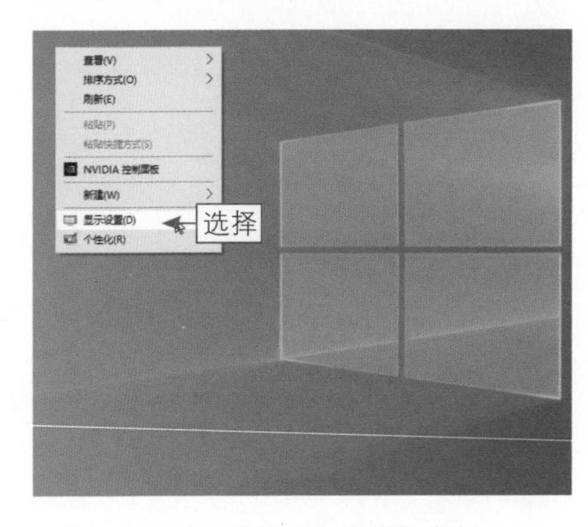

图 1-13　选择“显示设置”命令

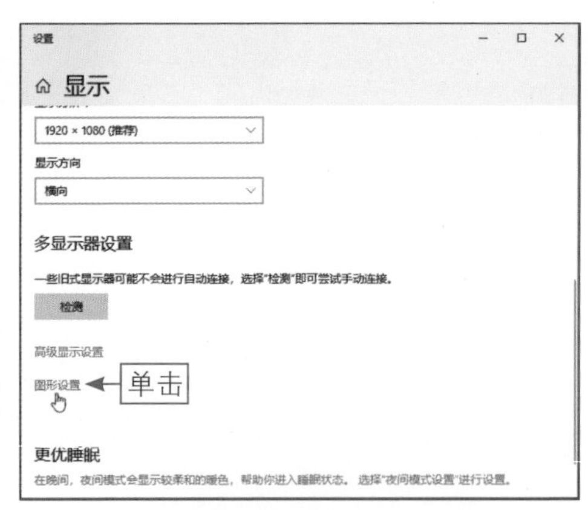

图 1-14　单击“图形设置”超链接

步骤 03 执行操作后，进入“图形设置”界面，单击“硬件加速 GPU 计划”下面的开关按钮，如图 1-15 所示。

步骤 04 执行操作后，即可将“硬件加速 GPU 计划”功能关闭，如图 1-16 所示，重启计算机后即可保存设置。

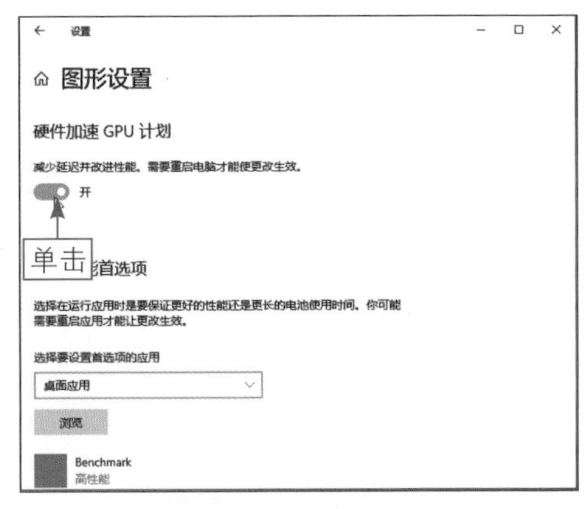

图 1-15　单击相应的开关按钮

图 1-16　关闭“硬件加速 GPU 计划”功能

【知识扩展】：使用 Stable Diffusion 绘图时的 it/s 是什么意思？

it/s 是指每秒迭代次数（iterations per second），it 是迭代次数，s 是秒，它表示每秒钟模型可以进行的迭代次数，用于衡量模型的推理速度或计算性能。例如，若 Stable Diffusion 的推理速度为 50it/s，则表示模型每秒钟可以进行 50 次迭代。

1.2　Stable Diffusion 的云端部署平台

随着云计算技术的发展，将 Stable Diffusion 部署到云端成为可能，使得更多的人能够享受到这个 AI 绘画工具带来的便利。本节将介绍一些 Stable Diffusion 的常用云端部署平台，用户可以在云端输入自己的文本描述，并得到生成的图像。

1.2.1　【实战】：通过 Stable Diffusion 官网绘图

扫码看教学视频

Stable Diffusion 官网是一个非常直观且功能丰富的网站，主要提供了基于 Stable Diffusion 技术的服务和产品，同时还提供了在线 Stable Diffusion 绘图功能，具体操作方法如下。

步骤 01 进入 Stable Diffusion 官网，在页面下方的 Prompt 输入框中输入相应提示词，如图 1-17 所示。

步骤 02 单击 Generate image（生成图像）按钮，即可快速生成相应的图像，效果如图 1-18 所示。

图 1-17　输入相应的提示词

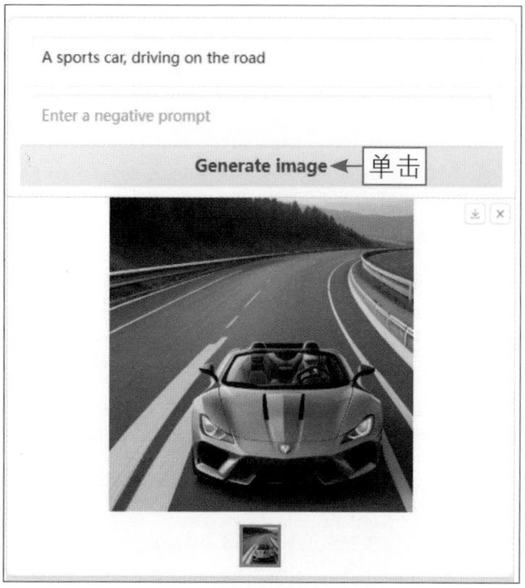

图 1-18　生成相应的图像

【知识扩展】：Stable Diffusion 相比于 Midjourney 的优点

与另外一个主流的 AI 绘画工具 Midjourney 相比，Stable Diffusion 的优点如下。

❶ 免费开源：Midjourney 需要登录 Discard 平台进行使用，并且需要付费；Stable Diffusion 则有大量的免费安装包，用户无须付费即可下载并一键安装，而且将其安装到本地后，生成的图片只有用户自己可以看到，保密性更高。

❷ 拥有强大的开源模型和插件：由于其开源属性，Stable Diffusion 拥有许多免费的高质量外接预训练模型和扩展插件，如提取物体轮廓、人体姿势骨架、图像深度信息的 Controlnet 插件，可以让用户在绘画过程中精确控制人物的动作姿势、手势和画面构图等细节。此外，Stable Diffusion 还具备 Inpainting 和 Outpainting 功能，可以智能地对图像进行局部修改和扩展，而某些功能目前 Midjourney 是无法实现的。

1.2.2　通过飞桨部署 Stable Diffusion

飞桨（PaddlePaddle）是一个集深度学习核心训练、推理框架、基础模型库、端到端开发套件及大量的工具组件于一体，由百度研发的产业级深度学习平台，具有自主研发、功能丰富、开源开放的特点。图 1-19 所示为飞桨平台上的 Stable Diffusion 公开项目。

当在飞桨上租用 Stable Diffusion 的运行环境时，需要计算能力的支持。其中，GPU 最好的 V100 四卡需要 8 点算力 / 小时，建议正常部署和运行 Stable Diffusion 可以考虑使用 1 点或 4 点算力 / 小时。

图 1-19　飞桨平台上的 Stable Diffusion 公开项目

【知识扩展】：V100 四卡是什么？

V100 显卡是 NVIDIA 推出的一款高端专业显卡，被广泛应用于人工智能、深度学习和虚拟现实等领域。

V100 四卡是指在一台计算机上安装了 4 块 V100 显卡，每块显卡拥有 32GB 第二代高速缓存内存（High-Bandwidth Memory 2，HBM2）内存和 5120 颗统一计算设备架构（Compute Unified Device Architecture，CUDA）核心。

这些显卡通过 NVLink（NVIDIA 开发的高速互联技术）实现高效数据传输和并行计算，能够提供强大的 GPU 计算能力，适用于 Stable Diffusion 等大规模的深度学习训练和推理任务。

1.2.3　通过阿里云部署 Stable Diffusion

阿里云是阿里巴巴集团旗下的云计算服务提供商，致力于提供安全、稳定、可靠的云计算服务，帮助企业加速数字化转型，实现普惠科技。

阿里云提供了云端部署 Stable Diffusion 所需的基础设施和云服务，用户可以在阿里云平台上创建云服务器，然后可以在服务器中安装各种软件。图 1-20 所示为阿里云平台上的云服务器。

用户可以登录阿里云平台并购买云服务器，然后通过远程桌面连接该服务器，在服务器上安装和配置Stable Diffusion所需的软件和环境。完成部署后，可以通过访问服务器IP地址或者域名来访问Stable Diffusion服务。

图1-20　阿里云平台上的云服务器

1.2.4　通过腾讯云部署Stable Diffusion

腾讯云是由腾讯公司推出的云计算服务，提供了包括云服务器、数据库、存储、网络、安全等一系列的云计算服务。图1-21所示为腾讯云平台上的GPU云服务器。

图1-21　腾讯云平台上的GPU云服务器

用户在腾讯云购买并设置云服务器时，可以选择自定义云服务器产品方案，根据个人需求选择合适的配置。推荐使用 GPU 云服务器，以加快 AI 绘画的出图速度。同时，用户可以选择距离最近的地区，预装镜像选择 Windows server 数据中心版 64 位中文版，其他选项保持默认设置即可。

接下来需要连接云服务器，可以在控制台页面单击云服务器链接，验证登录并通过后，即可进入云服务器的操作页面。由于默认连接方式为网站页面，在使用上会存在一定的困扰，操作系统为 Windows 的用户可以选择通过远程桌面连接，macOS（苹果操作系统）用户可以通过 Microsoft Remote Desktop（微软远程桌面）服务连接。

最后配置本地 Stable Diffusion WebUI，用户可以通过百度网盘下载所需的安装环境程序，包括 Chrome 浏览器（推荐使用）、NVIDIA 英伟达显卡驱动程序及 Stable Diffusion WebUI 压缩包。下载完成后解压，安装启动器运行依赖，找到“A 启动器 .exe”图标，单击一键启动按钮进入 Stable Diffusion WebUI 操作界面，即可在腾讯云平台云端使用 Stable Diffusion 进行绘图。

1.2.5 通过 Colab 云部署 Stable Diffusion

Colab 是谷歌的一个在线工作平台，可以让用户在浏览器中编写和执行 Python 脚本，最重要的是，它提供了免费的 GPU 来加速深度学习模型的训练。用户先可以启动 Colab Notebook 文件，进入 Colab 页面，选择“代码执行程序”|“更改运行时类型”命令，如图 1-22 所示。

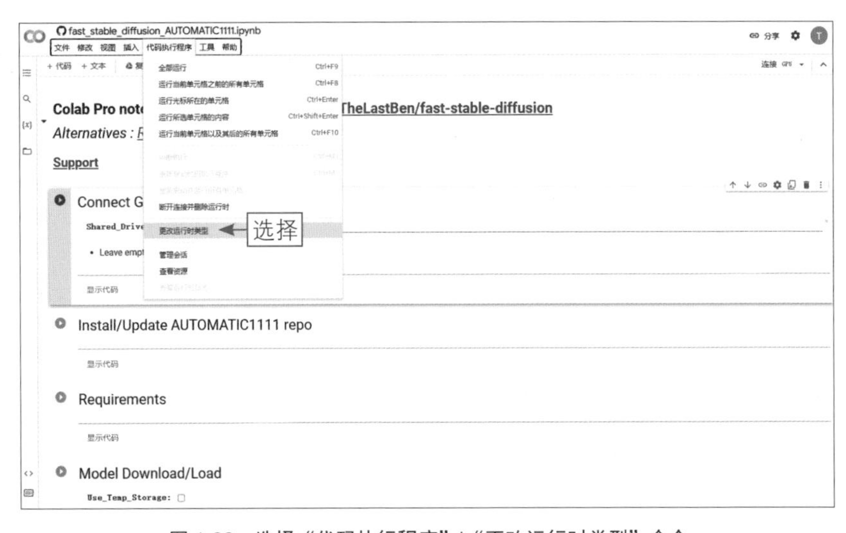

图 1-22 选择“代码执行程序”|“更改运行时类型”命令

执行操作后，弹出"更改运行时类型"对话框，确保"硬件加速器"为 T4 GPU，单击"保存"按钮即可，如图 1-23 所示。

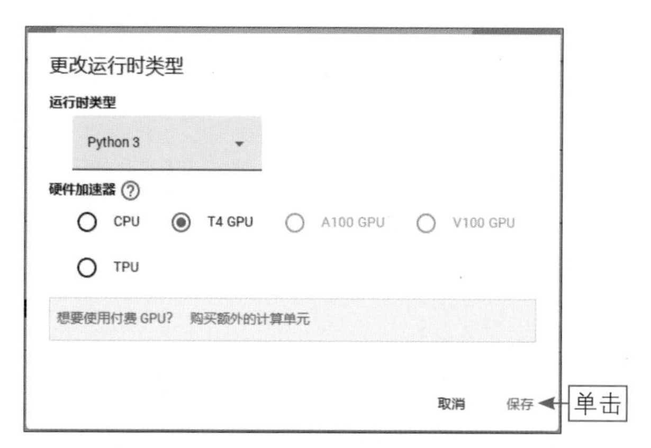

图 1-23　单击"保存"按钮

接下来按图 1-24 所示的序号单击●按钮依次运行相应代码，每个代码执行完成后会显示"Done（结束）"信息，然后继续执行下一个代码。

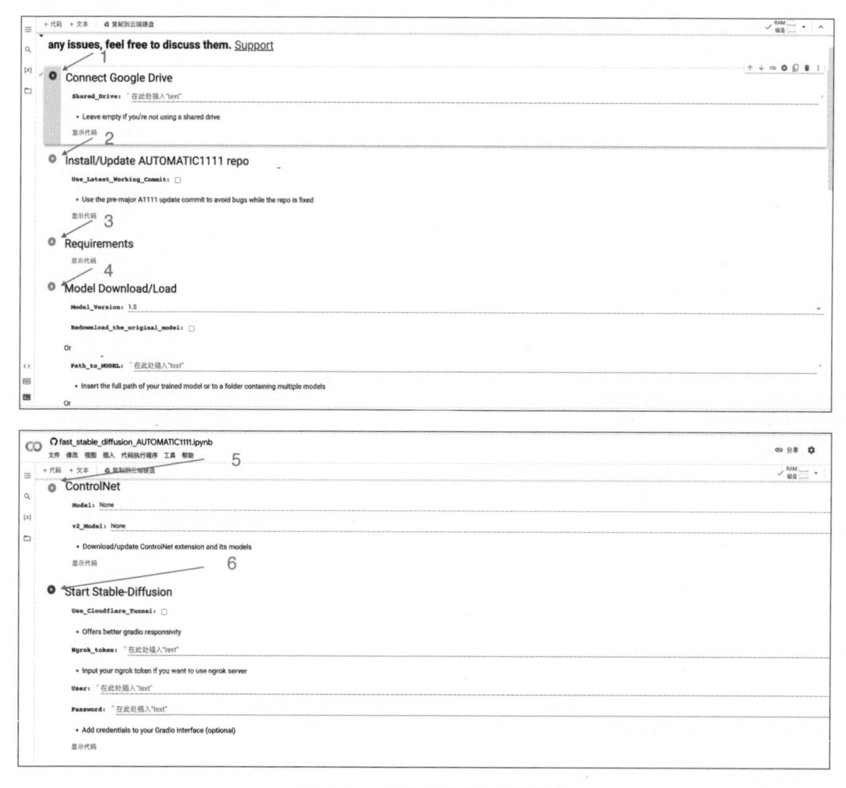

图 1-24　依次运行相应代码

全部代码正常执行完成后，在 Start Stable Diffusion 下方会出现访问 WebUI 的链接，如图 1-25 所示。单击该链接，即可成功启动 Stable Diffusion。

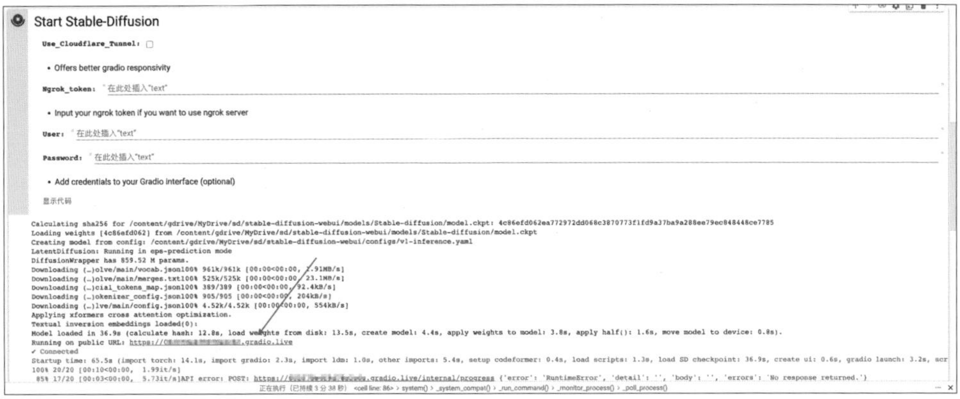

图 1-25　出现访问 WebUI 的链接

1.3　认识 Stable Diffusion 的 WebUI 页面

Stable Diffusion 作为一个强大的 AI 生成模型，它的官方 WebUI 页面为用户提供了非常友好的可视化交互功能。在这个 WebUI 页面上，我们可以非常轻松、直观地与 Stable Diffusion 这个“大师”进行愉快的图像生成对话。

用户只需要输入文字提示词，几秒后就可以欣赏到这个模型基于文字描述绘制出的精美画作。同时，WebUI 页面还提供了诸如采样方法、图像尺寸等多项生成参数的设置功能，可以更好地控制图像的样式。

总之，Stable Diffusion 的 WebUI 页面是一个强大而实用的工具，无论是设计师还是普通用户，都可以通过这个页面体验到 Stable Diffusion 的魅力。

1.3.1　看懂 Stable Diffusion 的成像逻辑

Stable Diffusion 是一种基于潜在扩散模型（Latent Diffusion Models，LDMs）的机器学习模型，它的内部成像逻辑是基于一个物理现象：当我们把墨汁滴入水中时，墨汁会均匀地散开，这个过程一般不能逆转。Stable Diffusion 就是模仿了这个过程，通过逐步加入噪声来生成图像。

具体来说，Stable Diffusion 算法将图像解码为潜在空间中的表示，然后使用扩散模型在潜在空间中逐步扩散和加入噪声，直到达到指定的步数。最后，再通过反向扩散和去噪的过程，将潜在空间中的表示解码为最终的图像。

这种成像逻辑的优点是可以在潜在空间中进行有效的学习和扩散，从而生成高质量的图像。同时，Stable Diffusion 还采用了条件机制（Conditioning Mechanisms）和感知压缩（Perceptual Compression）等技术，进一步提高了成像的质量和多样性。

上面是 Stable Diffusion 的内部成像逻辑，而对用户来说，Stable Diffusion 的外部成像逻辑为：以大模型（也称为主模型或底模）为基础素材库，通过文字描述（即提示词）的方式作为“指令”，以不同参数设置为控制变量，来生成图像。举个很简单的例子，我们去饭店吃饭，大模型就相当于食材，图文描述就相当于点菜，参数设置就相当于烹饪手段，最后做好的菜就需要各方面的协调，才能成为一道美食。

1.3.2 【实战】：快速上手制作出一张喜欢的图片

扫码看教学视频

使用 Stable Diffusion 可以非常轻松地进行 AI 绘画，只要输入一段文本描述，它就可以在几秒内为我们生成一张精美的图片。下面通过一个简单的案例，向大家展示如何使用 Stable Diffusion 快速制作出一张你喜欢的图片，具体操作方法如下。

步骤 01 进入 CIVITAI（简称 C 站）主页，在 images（图片）页面中找到一张喜欢的图片，单击图片右下角的按钮，如图 1-26 所示。

图 1-26 单击图片右下角的按钮

★ 专家提醒 ★

CIVITAI 是一家专注于 AI 生成内容的创业公司，旗下自主研发的 Diffusion 模型可以进行多模态的图像、视频等内容的生成。除了公共模型，CIVITAI 还支持用户上传数据进行模型微调和优化，以提升图像的生成质量。

步骤 02 执行操作后，弹出一个包含图片信息的面板，单击 Prompt 右侧的 Copy prompt（复制提示词）按钮，如图 1-27 所示，即可复制正向提示词。

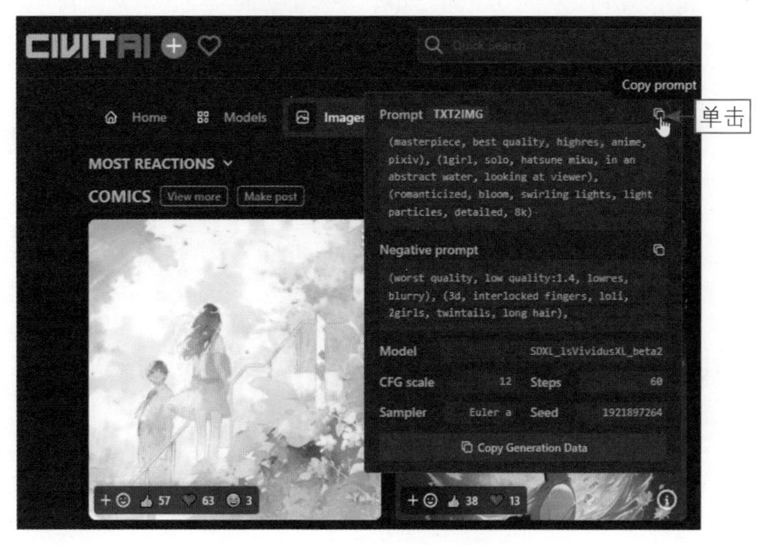

图 1-27　单击 Copy prompt 按钮

步骤 03 将复制的提示词填入 Stable Diffusion 的“正向提示词”输入框中，使用同样的操作方法，复制 Negative prompt（否定提示）并填入 Stable Diffusion 的“反向提示词”输入框中，同时根据图片信息面板中的生成数据对文生图的相应参数进行设置，如图 1-28 所示。

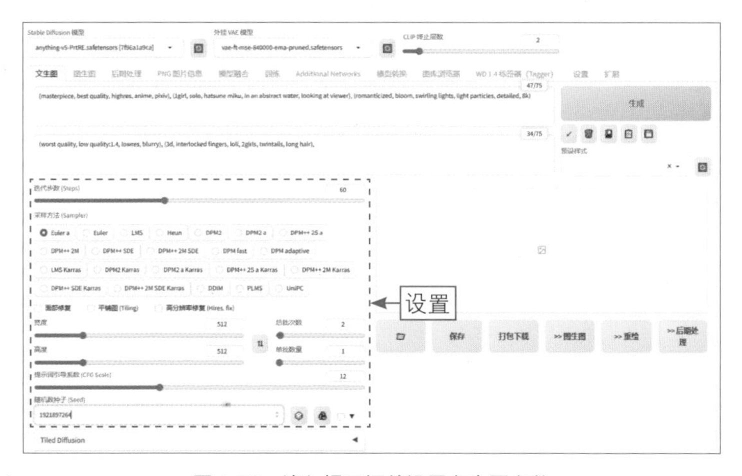

图 1-28　填入提示词并设置文生图参数

步骤 04 单击“生成”按钮，即可快速生成相应的图像，效果如图 1-29 所示。由于使用了不同的主模型，因此出图效果会有些差异。

图 1-29　生成相应的图像效果

1.3.3　Stable Diffusion 的 WebUI 页面布局

简单来说，Stable Diffusion 的 WebUI 页面就像一间装满了先进绘画工具的工作室，我们可以在这里尽情发挥自己的创作灵感，创作出一个个令人惊艳的艺术作品。图 1-30 所示为 Stable Diffusion 的 WebUI 页面基本布局。

图 1-30　Stable Diffusion 的 WebUI 页面基本布局

其中，大模型可以理解为给 Stable Diffusion 学习的数据包，只有给它学习过的内容，它才能够根据提示词画出来。每个大模型都有其独有的特点和适用场景，用户可以根据自己的需求和实际情况进行选择。

图片生成区域用于显示生成的图片，可以看到生成过程的每一步迭代图像。其他区域将在后面的章节进行具体介绍，这里不再赘述。

本章小结

本章主要向读者介绍了Stable Diffusion的一些入门基础知识，具体包括本地配置与部署Stable Diffusion，如Stable Diffusion的配置要求、Stable Diffusion的安装流程、启动Stable Diffusion、更新Stable Diffusion版本等；Stable Diffusion的云端部署平台，如Stable Diffusion官网、飞桨、阿里云、腾讯云、Colab云；认识Stable Diffusion的WebUI页面，如看懂Stable Diffusion的成像逻辑、快速上手制作出一张喜欢的图片、Stable Diffusion的WebUI页面布局等内容。通过对本章的学习，读者能够更好地部署和使用Stable Diffusion。

课后习题

鉴于本章知识的重要性，为了帮助读者更好地掌握所学知识，本节将通过课后习题，帮助读者进行简单的知识回顾和补充。

1. 使用 Stable Diffusion 官网在线生成一张风景图片，效果如图 1-31 所示。

2. 使用 Stable Diffusion 生成一张卡通风格的插图，效果如图 1-32 所示。

图 1-31　风景图片

图 1-32　卡通风格的插图

第 2 章

12 个文生图技巧，让图像更加生动

Stable Diffusion作为一款领先的AI生成模型，其强大的图像生成能力让许多创作者对这个领域充满无限遐想，特别是它可以通过简单的文本描述生成精美、生动的图像效果，这为我们的创作提供了极大的便利。

2.1 看懂文生图的基本参数

Stable Diffusion 作为一款强大的 AI 绘画工具，可以通过文字描述生成各种图像，但是其参数设置比较复杂，对新手来说不容易上手。如何快速看懂和掌握 Stable Diffusion 的基本参数，使生成结果更符合预期呢？本节将带大家快速看懂 Stable Diffusion 文生图中各项关键参数的作用，并掌握相关的设置方法。

2.1.1 【实战】：设置迭代步数

扫码看教学视频

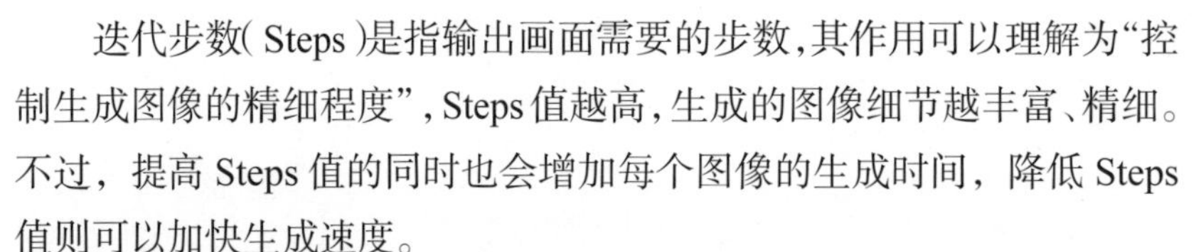

迭代步数（Steps）是指输出画面需要的步数，其作用可以理解为“控制生成图像的精细程度”，Steps值越高，生成的图像细节越丰富、精细。不过，提高 Steps 值的同时也会增加每个图像的生成时间，降低 Steps 值则可以加快生成速度。

下面介绍设置迭代步数的操作方法。

步骤 01 在 Stable Diffusion 的“文生图”页面中输入相应的提示词，选择合适的采样方法，并将“迭代步数（Steps）”设置为 5，单击“生成”按钮，可以看到生成的人物图像效果非常模糊，且面部不够完整，如图 2-1 所示。

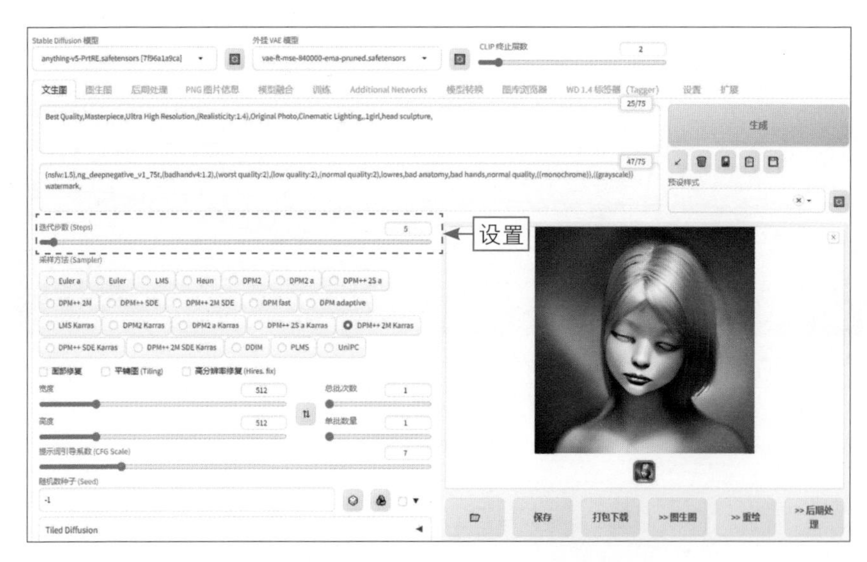

图 2-1 “迭代步数（Steps）”为 5 的图像效果

步骤 02 锁定上图的随机数种子值，将“迭代步数（Steps）”设置为 30，其他参数保持不变，单击“生成”按钮，可以看到生成的图像非常清晰，而且画面整体是完整的，效果如图 2-2 所示。

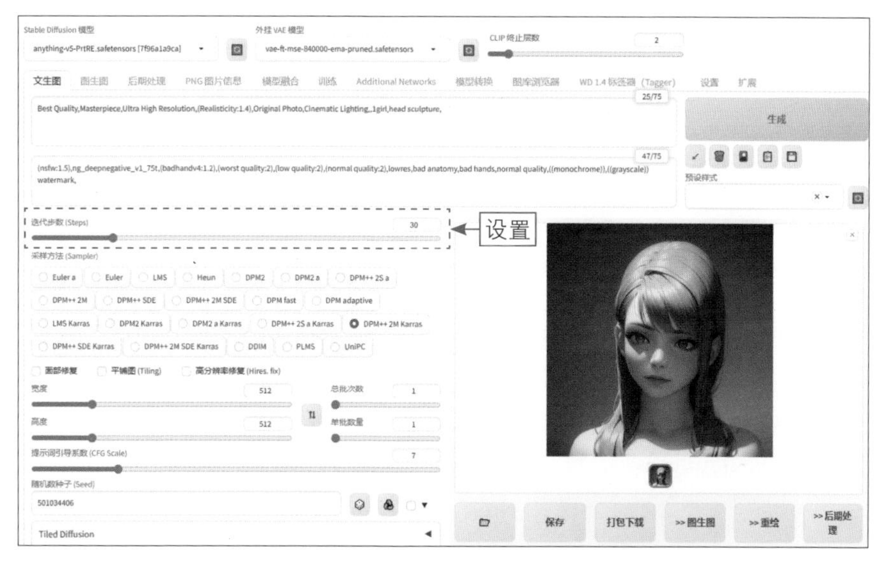

图 2-2 “迭代步数（Steps）”为 30 的图像效果

【技巧总结】：迭代步数的设置技巧

Stable Diffusion 的迭代步数采用的是分步渲染的方法。分步渲染是指在生成同一张图像时，分多个阶段使用不同的文字提示进行渲染。图 2-3 所示为不同迭代步数生成的图像效果对比。

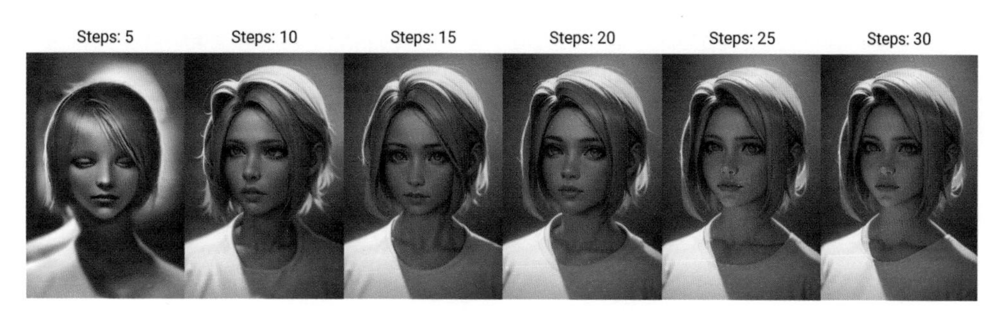

图 2-3 不同迭代步数生成的图像效果对比

在整张图像基本成型后，再通过添加描述进行细节的渲染和优化。这种分步渲染需要对照明、场景等方面有一定的美术技巧，才能生成逼真的图像效果。

Stable Diffusion 的每一次迭代都是在上一次生成的基础上进行渲染的。一般来说，Steps 值保持在 18 ～ 30 范围内，即可生成较好的图像效果。如果将 Steps 值设置得过低，可能导致图像生成不完整，关键细节无法呈现。

而过高的 Steps 值则会大幅增加生成时间，但对图像效果提升的边际效益较小，仅对细节进行轻微优化，因此可能得不偿失。

2.1.2 【实战】：设置采样方法

扫码看教学视频

采样的简单理解就是执行去噪的方式，Stable Diffusion 中的 20 多种采样方法（Sampler）就相当于 20 多位画家，每种采样方法对图片的去噪方式都不一样。下面简单总结了一些常见采样方法的特点。

- 速度快：Euler系列、LMS系列、DPM++2M、DPM fast、DPM++2M Karras、DDIM系列。
- 质量高：Heun、PLMS、DPM++ 系列。
- tag（标签）利用率高：DPM2 系列、Euler 系列。
- 动画风：LMS 系列、UniPC。
- 写实风：DPM2 系列、Euler 系列、DPM++ 系列。

在上述采样方法中，推荐使用DPM++ 2M Karras，生成图片的速度快、效果好，具体操作方法如下。

步骤 01 在 Stable Diffusion 的“文生图”页面中输入相应的提示词，在“采样方法（Sampler）”选项区中选中 DPM++ 2M Karras 单选按钮，其他设置如图 2-4 所示。

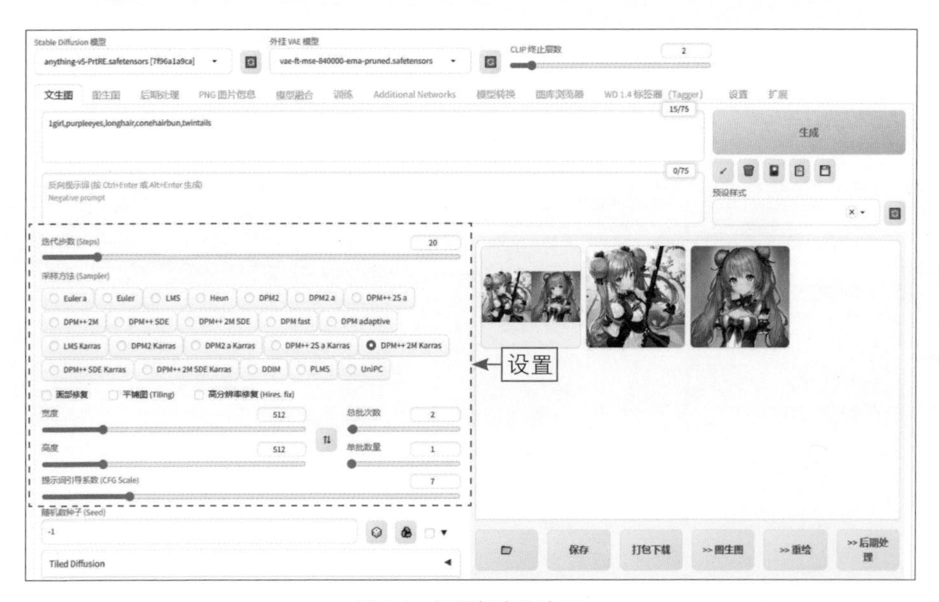

图 2-4　设置相应的选项

★ 专 家 提 醒 ★

Sampler 技术为 Stable Diffusion 等生成模型提供了更加真实、可靠的随机采样能力，从而可以生成更加逼真的图像效果。

步骤02 单击“生成”按钮，即可通过 DPM++ 2M Karras 的采样方法生成图像，效果如图 2-5 所示。

图 2-5　图像效果

【知识扩展】：常见的 3 种 Stable Diffusion 采样器

Sampler 又称为采样器，除 DPM++ 2M Karras 外，常用的 Sampler 还有 3 种，分别为 Euler a、DPM++2S a Karras 和 DDIM，效果如图 2-6 所示。

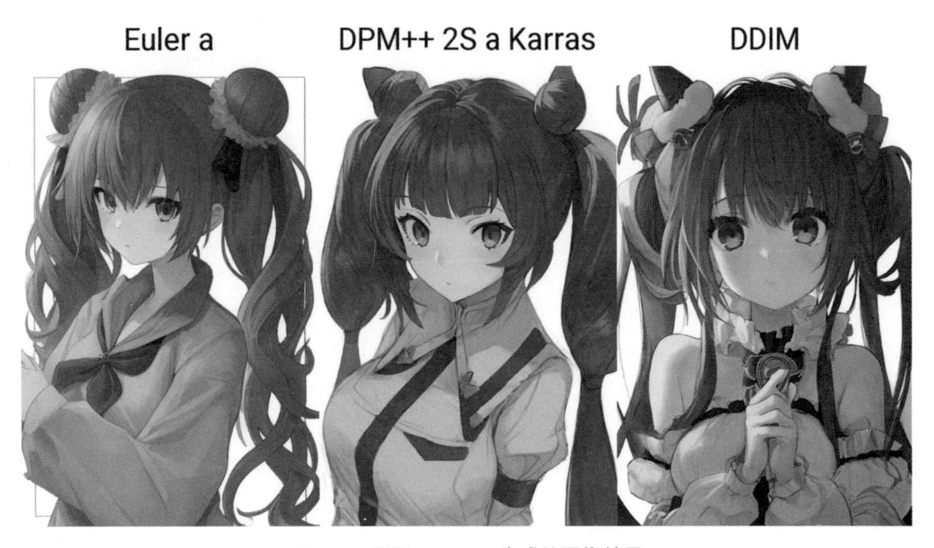

图 2-6　不同 Sampler 生成的图像效果

❶ Euler a 的采样生成速度最快，但在生成高细节图并增加迭代步数时，会产生不可控的突变，如人物脸扭曲、细节扭曲等。Euler a 采样器适合生成 ICON（图

标）、二次元图像或小场景的画面。

❷ DPM++2S a Karras 采样方法可以生成高质量图像，适合生成写实人像或刻画复杂的场景，而且步幅（即迭代步数）越高，细节刻画效果越好。

❸ DDIM 比其他采样方法具有更高的效率，而且随着迭代步数的增加可以叠加生成更多的细节。不过，用户在选择 Sampler 时要注意图像的类型，从上图可以看出，当采用 DDIM 采样方法生成动漫人像时，手部出现了变形。

2.1.3 面部修复与高分辨率修复的作用

面部修复功能可以防止“脸崩”的情况发生。通常情况下，生成动漫类型的图片不要选中“面部修复”复选框，生成真实世界的图片则可以选中“面部修复”复选框。需要注意的是，“面部修复”和“高分辨率修复（Hires.fix）”复选框不要同时选中。图 2-7 所示为选中“面部修复”复选框后生成的图片效果。

图 2-7 选中“面部修复”复选框后生成的图片效果

选中“高分辨率修复（Hires.fix）”复选框后，首先以较小的分辨率生成初步图像，接着放大图像，然后在不更改构图的情况下改进其中的细节。Stable Diffusion 会依据用户设置的“宽度”和“高度”尺寸，按照“放大倍率”进行等比例放大。

对于显存较小的显卡，可以通过使用高分辨率修复功能，把“宽度”和“高度”尺寸设置得小一些，如 512 × 512 的分辨率，然后将“放大倍数”设置为 2，

Stable Diffusion 就会生成 1024 × 1024 分辨率的图片，且不会占用过多的显存，如图 2-8 所示。

图 2-8　选中“高分辨率修复（Hires.fix）”复选框后生成的图片效果

【技巧总结】：高分辨率修复功能的设置技巧

在“高分辨率修复（Hires.fix）”选项区中，以下几个选项的设置非常关键。

❶ 放大算法：动漫图片建议选择 R-ESRGAN 4x+ 放大算法，真实图片则建议选择 R-ESRGAN 4x+ Anime6B 放大算法。

❷ 高分迭代步数（Hires steps）：通常设置为 0，即采用原有图画。

❸ 重绘幅度（Denoising strength）：通常设置为 0.4 ～ 0.7，用户可以自己尝试调试，该数值设置得太高，再次生成的图片就会与原图相差甚远。

2.1.4　【实战】：设置图片尺寸

扫码看教学视频

图片尺寸即分辨率，指的是图片宽和高的像素数量，它决定了数字图像的细节再现能力和质量。

下面介绍设置图片尺寸的操作方法。

步骤 01 在“文生图”页面中输入相应的提示词，设置“宽度”为 1024、“高度”为 768，表示生成分辨率为 1024 × 768 的图像，其他设置如图 2-9 所示。

步骤 02 单击“生成”按钮，即可生成相应的横图，效果如图 2-10 所示。

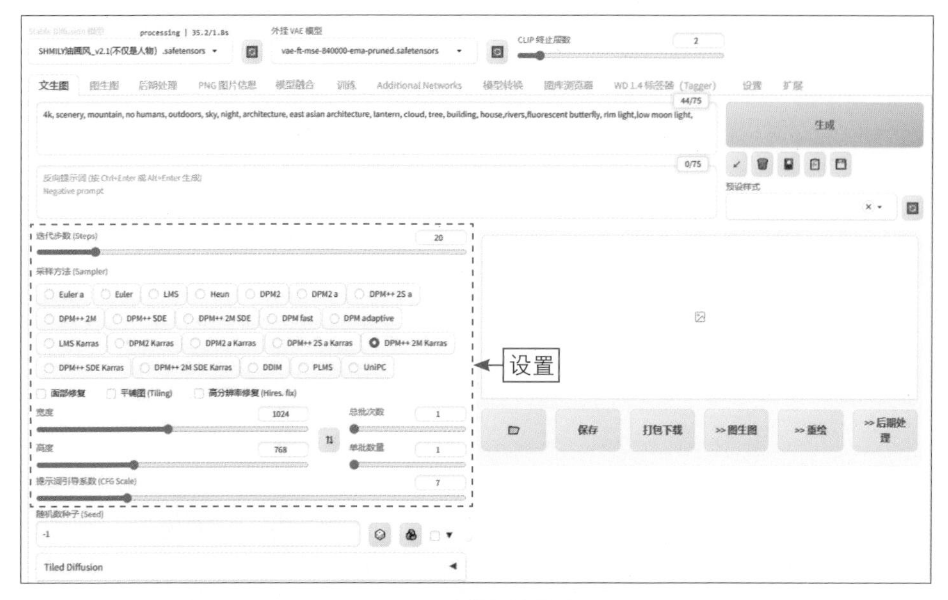

图 2-9　设置相应的选项

图 2-10　图像效果

【技巧总结】：分辨率的设置技巧和注意事项

❶ 通常情况下，8GB 显存的显卡，应尽量将图片设置为 512×512 的分辨率，否则太小的画面无法描绘好，太大的画面则容易“爆显存”。8GB 显存以上的显卡则可以适当调高分辨率。“爆显存”是指计算机的画面数据量超过了显存的容量，导致画面出现错误或者计算机的帧数骤降，甚至出现系统崩溃等情况。

❷ 图片尺寸需要和提示词所生成的画面相匹配，如设置为 512 × 512 的分辨率时，人物大概率会出现大头照。用户也可以固定一个图片尺寸，并将另一个值调高，但固定值要保持在 512 ～ 768。

❸ 对于真实人像的全身照，需要在提示词中加入“full body（全身）”，并且将分辨率设置为 512 × 768，才有可能生成人物全身照。

2.1.5 【实战】：设置总批次数与单批数量

扫码看教学视频

简单来说，总批次数就是在绘制多幅图像时，显卡按照一张接一张的顺序往下画；单批数量就是显卡同时绘制多幅图像，绘画效果通常比较差。下面介绍设置总批次数与单批数量的操作方法。

步骤 01 在“文生图”页面中输入相应的提示词，设置“总批次数”为 6，可以理解为一次循环生成 6 张图片，其他设置如图 2-11 所示。

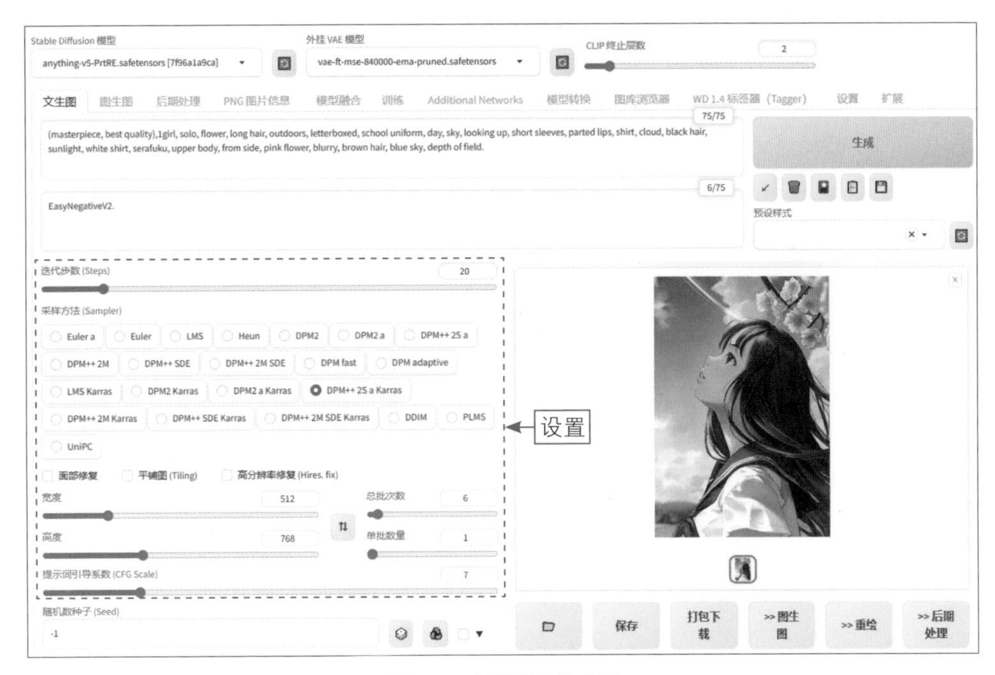

图 2-11　设置相应的选项

步骤 02 单击“生成”按钮，即可同时生成 6 张图片，且每张图片的差异比较大，效果如图 2-12 所示。

图 2-12　生成 6 张图片（差异大）

步骤 03 保持提示词和其他设置不变，设置“总批次数”为 2、“单批数量”为 3，可以理解为一个批次里一次生成 3 张图片，共生成两个批次，如图 2-13 所示。

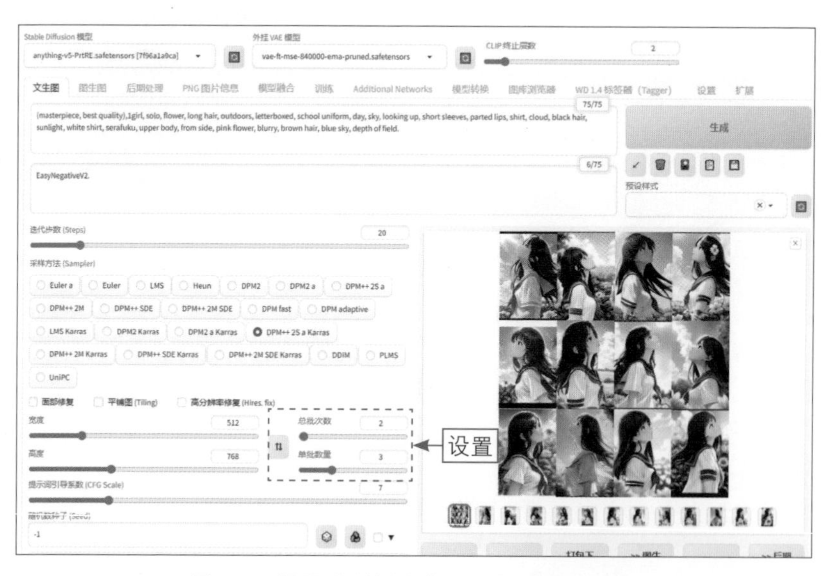

图 2-13　设置“总批次数”和“单批数量”参数

步骤 04 单击“生成”按钮，即可生成6张图片，且同批次中的图片差异较小，同时出图效果也比较差，如图2-14所示。

图2-14　生成6张图片（差异小）

【技巧总结】：总批次数与单批数量的设置技巧

如果用户的计算机显卡配置比较高，可以使用单批数量的方式出图，速度会更快，同时也能保证一定的画面效果。否则，就加大总批次数，每一批只生成一张图片，这样在硬件资源有限的情况下，可以尽量画好每张图。

★ 专家提醒 ★

需要注意的是，Stable Diffusion 默认的出图效果是随机的，又称为“抽卡”，也就是说我们需要不断地生成新图，从中抽出一张效果最好的图片。

2.1.6 【实战】：设置提示词引导系数

扫码看教学视频

提示词引导系数（CFG Scale）主要用来调节提示词对绘画效果的引导程度，参数取值范围为 0 ～ 30，数值较高时绘制的图片会尽量符合提示词的要求。

下面介绍设置提示词引导系数的操作方法。

步骤 01 在“文生图”页面中输入相应的提示词，设置“提示词引导系数（CFG Scale）”为 2，表示提示词与绘画效果的关联性较低，其他设置如图 2-15 所示。

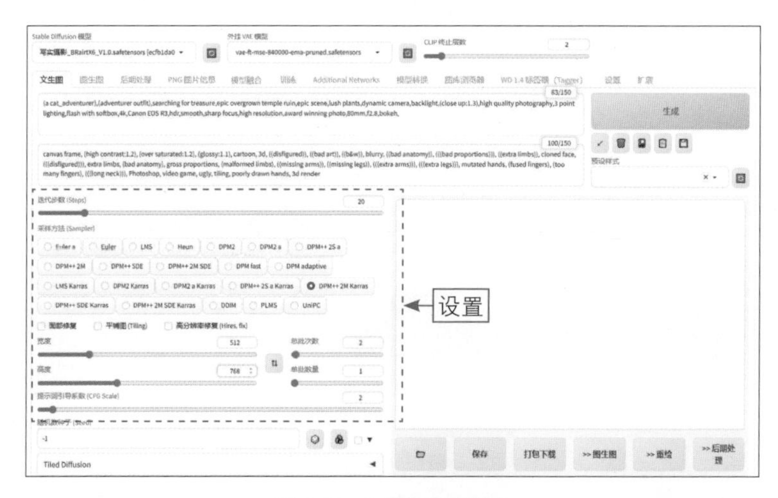

图 2-15　设置相应的选项

步骤 02 单击“生成”按钮，即可生成相应的图像，且图像内容与提示词的关联性不大，效果如图 2-16 所示。

图 2-16　较低的提示词引导系数生成的图像效果

步骤 03 保持提示词和其他设置不变，设置“提示词引导系数（CFG Scale）”为 10，表示提示词与绘画效果的关联性较高，如图 2-17 所示。

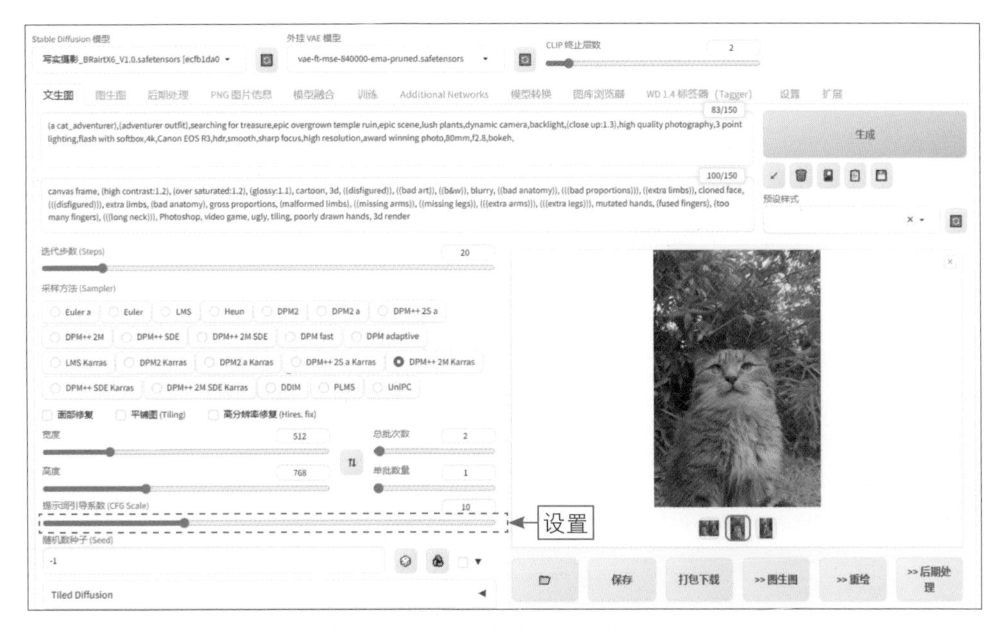

图 2-17　设置较高的提示词引导系数

步骤 04 单击“生成”按钮，即可生成相应的图像，且图像内容与提示词的关联性较大，画面的光影效果更突出、虚实对比更明显，效果如图 2-18 所示。

图 2-18　较高的提示词引导系数生成的图像效果

【技巧总结】：提示词引导系数的设置技巧

“提示词引导系数（CFG Scale）”参数值建议设置为 7 ～ 12，过低会导致图像的色彩饱和度降低；而过高则会产生粗糙的线条或过度锐化的图像细节，甚至可能导致图像严重失真。

2.2 掌握随机数种子的用法

在 Stable Diffusion 中，随机数种子（Seed，也称为随机种子或种子）可以理解为每个图像的唯一编码，能够帮助我们复制和调整生成的图片。

当将 Seed 设置为 -1 时，图像将随机生成。如果复制图像的 Seed 值，并将其填入“随机数种子（Seed）”文本框内，后续生成的图像将基本保持不变。本节主要介绍随机数种子功能的一些基本用法，帮助大家更好地控制 AI 绘图效果。

2.2.1 【实战】：设置随机数种子

扫码看教学视频

当用户在绘图时，若发现有中意的图像，此时就可以复制并锁定图像的随机数种子，让后面生成的图像更加符合自己的需求。

下面介绍设置随机数种子的操作方法。

步骤 01 在“文生图”页面中输入相应的提示词，“随机数种子”默认为 -1，表示随机生成图像效果，其他设置如图 2-19 所示。

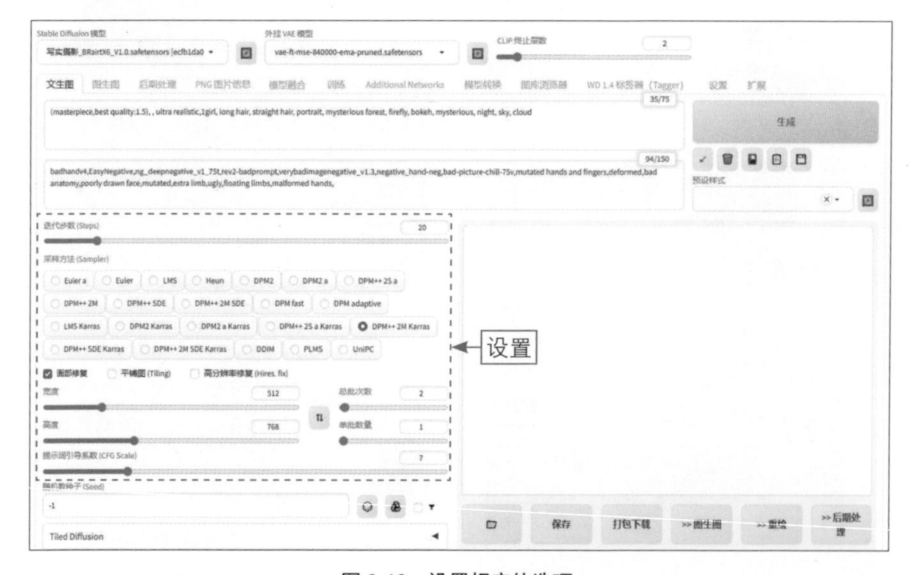

图 2-19 设置相应的选项

步骤 02 单击“生成”按钮，每次生成图像时都会随机生成一个新的种子，从而得到不同的结果，效果如图 2-20 所示。

图 2-20　“随机数种子（Seed）”为 –1 时生成的图像效果

步骤 03 选择一张生成的图像，在下方的图片信息中找到并复制 Seed 值，将其填入“随机数种子”文本框内，如图 2-21 所示。

图 2-21　填入 Seed 值

步骤 04 单击“生成”按钮，则后续生成的图像将保持不变，每次得到的结果都会相同，效果如图 2-22 所示。

图 2-22　设置“随机数种子（Seed）”参数后生成的图像效果

【技巧总结】：随机数种子的设置技巧

在 Stable Diffusion 中，随机数种子是通过一个 64 位的整数来表示的。如果将这个整数作为输入值，AI 模型会生成一个对应的图像。如果多次使用相同的随机数种子，则 AI 模型会生成相同的图像。

在“随机数种子（Seed）”文本框的右侧，单击按钮，可以将参数重置为 -1，则每次生成图像时都会使用一个新的随机数种子。

2.2.2　【实战】：修改变异随机种子

扫码看教学视频

除了随机数种子，在 Stable Diffusion 中用户还可以使用变异随机种子（different random seed，简称 diff seed）来控制出图效果。变异随机种子是指在生成图像的过程中，每次扩散步骤使用不同的随机数种子，从而产生与原图不同的图像，可以将其理解为在原来的图片上进行叠加变化。

下面介绍修改变异随机种子的操作方法。

步骤 01 在上一例效果的基础上，选中“随机数种子”右侧的复选框，展开该选项区，可以看到“变异随机种子”默认为 -1，保持该参数不变，将“变异强度”设置为 0.21，如图 2-23 所示。

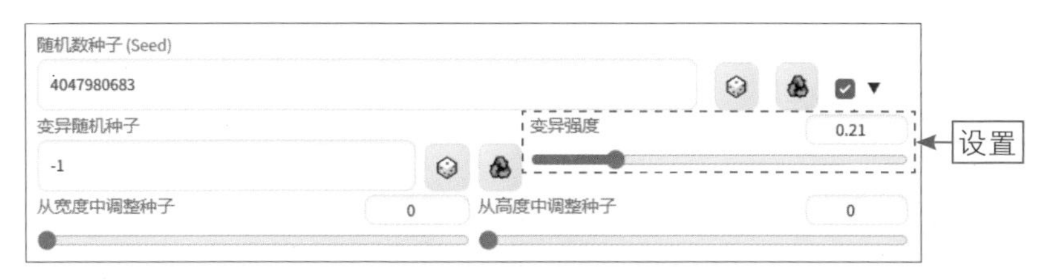

图 2-23　设置“变异强度”参数

★ 专 家 提 醒 ★

变异强度（diff intensity）表示原图与新图的差异程度。如果 diff intensity 为 0，则新图与原图完全相同；如果 diff intensity 为 1，则新图与原图完全不相同。

步骤 02 单击“生成”按钮，则后续生成的新图与原图比较接近，只有细微的差别，效果如图 2-24 所示。

图 2-24　生成的新图与原图比较接近

步骤 03 将“变异强度”设置为 0.5，其他参数不动，如图 2-25 所示。

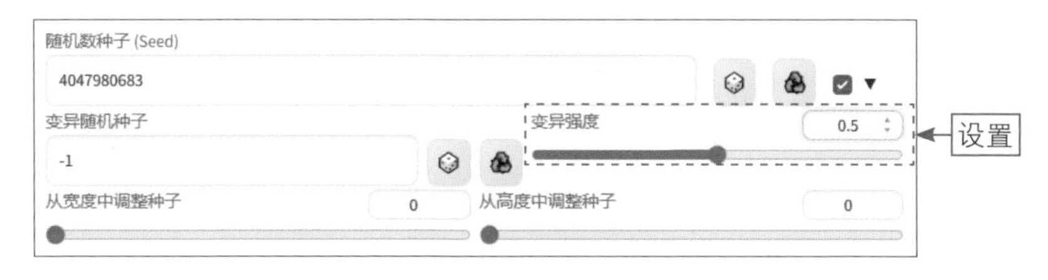

图 2-25　修改“变异强度”参数

步骤04 单击“生成”按钮，则后续生成的新图与原图差异更大，效果如图2-26所示。因此，变异强度越大，则变异随机种子对图像的影响就越大，我们可以根据需要灵活调整生成的新图像与原图像之间的相似程度。

图2-26 修改“变异强度”参数后生成的图像效果

【技巧总结】：变异随机种子的设置技巧

❶ 当diff seed为0时，表示完全按照随机种子的值生成新图像，也就是完全复制输入的原图像。在这种情况下，无论输入什么样的图像，只要随机种子相同，生成的图像结果就相同。

❷ 当diff seed为1时，表示完全按照变异随机种子的值生成新图像，也就是与输入的原图像有很大的差异。在这种情况下，每次输入相同的图像，都会得到不同的结果，因为每次都会生成新的变异随机种子。

2.2.3 【实战】：融合不同的图片效果

扫码看教学视频

利用随机数种子和变异随机种子，我们可以将不同的图片效果进行融合，具体操作方法如下。

步骤01 进入Stable Diffusion的“PNG图片信息”页面，在“来源”选项区中单击“点击上传”超链接，如图2-27所示。

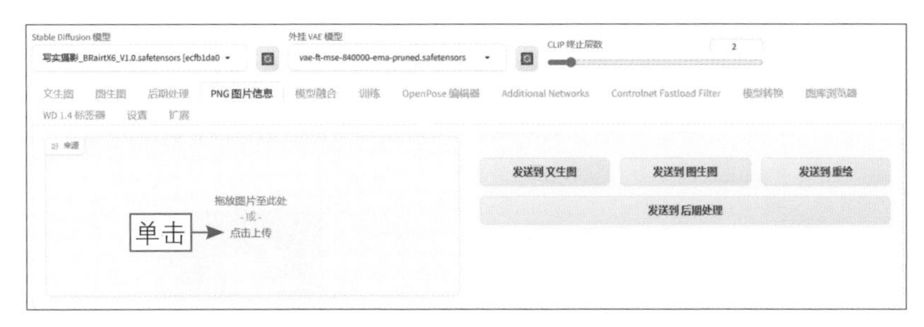

图 2-27 单击“点击上传”超链接

步骤 02 弹出“打开”对话框，选择相应的素材图像，单击“打开”按钮，上传图像，在右侧即可看到图像的提示词等生成数据，我们将其命名为图 1，单击“发送到文生图”按钮，如图 2-28 所示。

图 2-28 单击“发送到文生图”按钮

步骤 03 执行操作后，进入“文生图”页面，单击按钮，重置随机数种子，单击“生成”按钮，如图 2-29 所示。

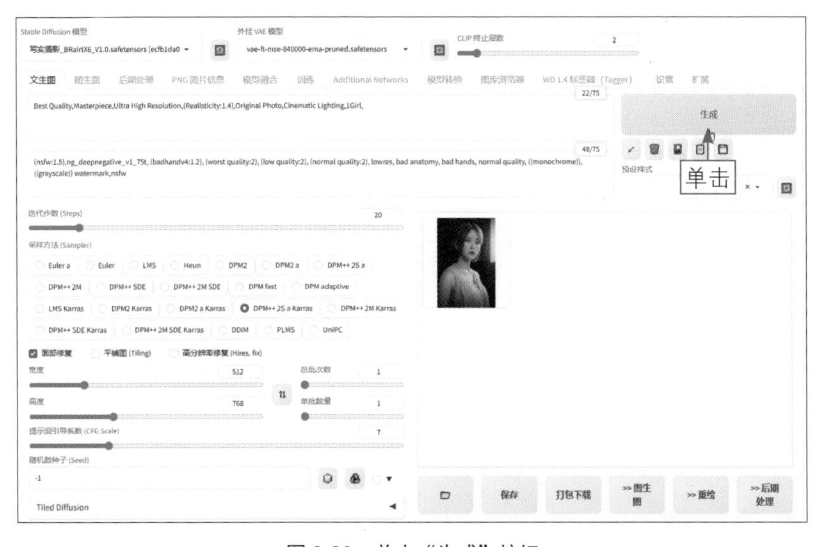

图 2-29 单击“生成”按钮

步骤04 执行操作后，即可生成新的图像，我们将其命名为图 2，并复制 Seed 值，将其填入“随机数种子（seed）”文本框内，如图 2-30 所示。

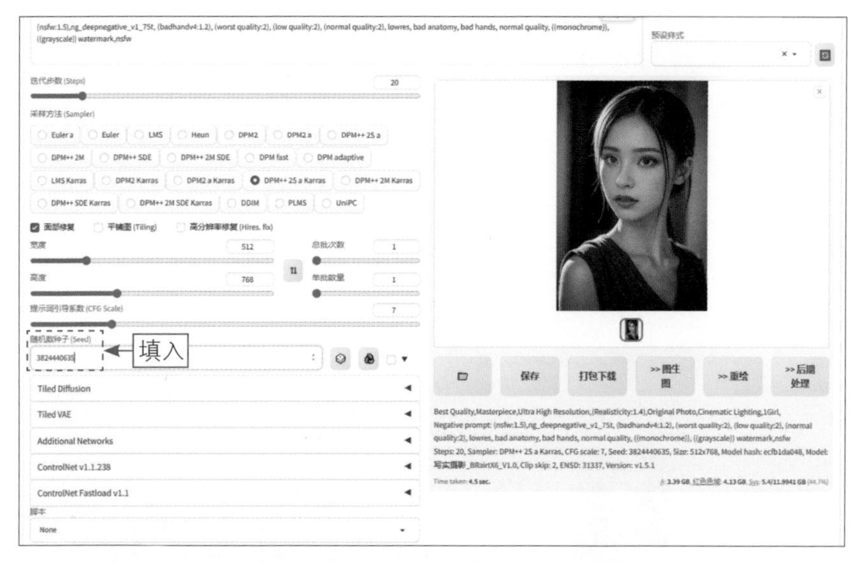

图 2-30　在“随机数种子（Seed）”文本框内填入图 2 的 Seed 值

步骤05 返回“PNG 图片信息”页面，复制图 1 的 Seed 值，将其填入“变异随机种子”文本框内，并将“变异强度”设置为 0.2，单击“生成”按钮，如图 2-31 所示，生成相应的图像。

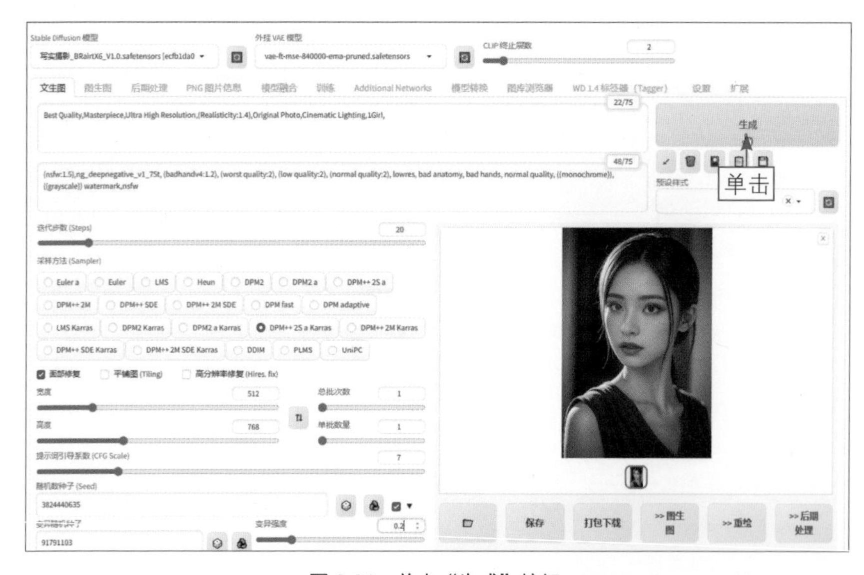

图 2-31　单击“生成”按钮

步骤 06 将“变异强度”设置为0.8，再次单击“生成”按钮，生成相应的图像。将原图和效果图全部放在一起进行对比，如图 2-32 所示。

图 2-32　对比原图和效果图

【技巧总结】：变异强度对图片融合的影响

在上面的案例中，我们固定了图 2 的 Seed 值，而图 1 则作为影响图 2 的一个变量。从图 2-32 的对比可以直观地感受到，当将“变异强度”设置为 0.2 时，图 2 带有一点点图 1 的风格；当将“变异强度”设置为 0.8 时，图 2 几乎变成了图 1 的风格。

2.2.4 随机数种子的尺寸用法

随机数种子的尺寸通常很少用到，它的概念是“尝试生成图像，与同一随机数种子在指定分辨率下生成的图像相似”。例如，我们首先使用 512 × 512 的分辨率生成一张人物照片，可以看到人物的脸部有些变形了，俗称“脸崩”，如图 2-33 所示，这是因为在该分辨率下图片无法承受太多的人物细节。

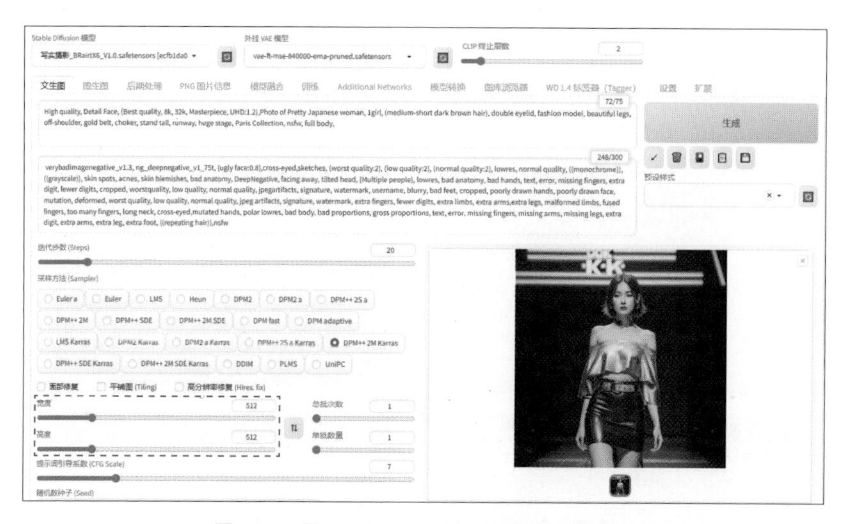

图 2-33 用 512×512 分辨率生成的人物照片

然后再生成一张 512 × 1024 分辨率的人物照片，如图 2-34 所示，并在图像信息中复制其 Seed 值。

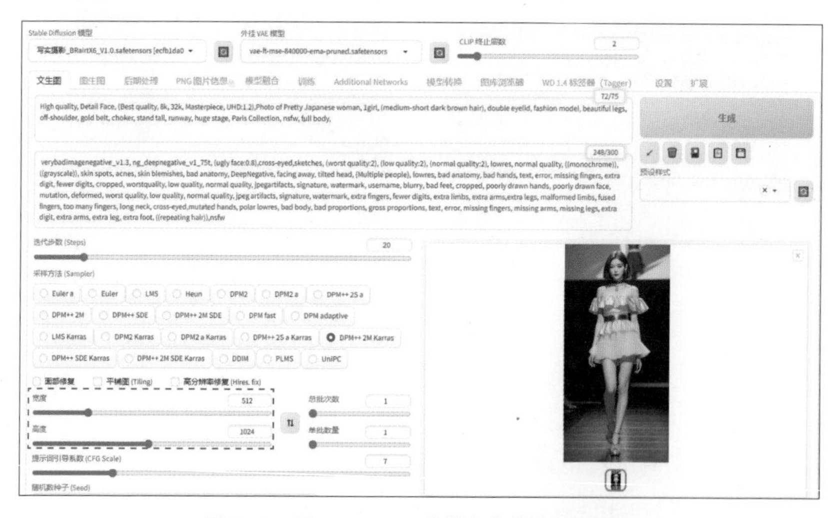

图 2-34 用 512×1024 分辨率生成的人物照片

接下来在图 2-33 效果图的基础上，锁定其 Seed 值，并将图 2-34 的 Seed 值填入“变异随机种子”文本框内，设置“变异强度”为 0.5、“从宽度中调整种子”为 512、“从高度中调整种子”为 1024，单击“生成”按钮，生成相应的人物照片，效果如图 2-35 所示。从图中可以看到，人物的脸部和手部的变形程度稍微降低了。

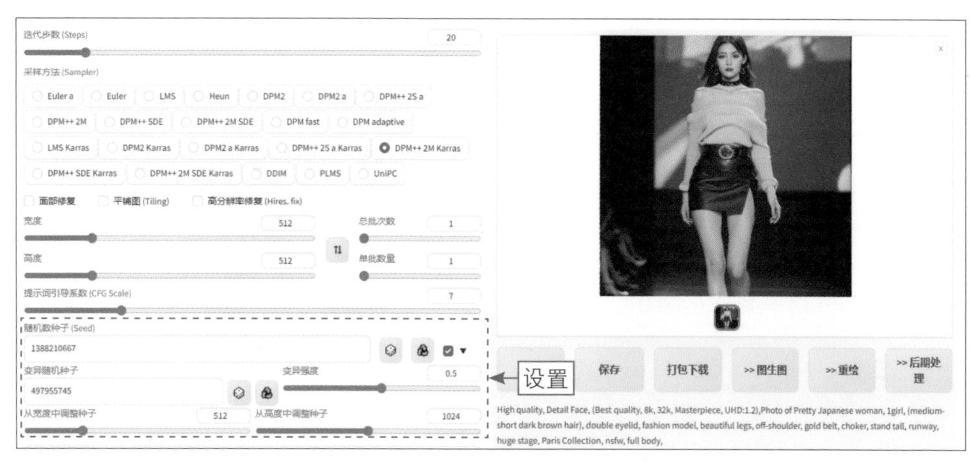

图 2-35　生成相应的人物照片

【知识扩展】：随机数种子的尺寸有什么用?

对使用低显存显卡的用户来说，这是一个比较实用的功能，可以用 512 × 512 的分辨率，高效率地生成高度为 1024 的人物全身照。

2.3　掌握 *x/y/z* 图表的用法

Stable Diffusion 的 *x/y/z* 图表是一种用于可视化三维数据的图表，它由 3 个坐标轴组成，分别代表 3 个变量，这个工具的作用就是可以同时查看至多 3 个变量对于出图结果的影响。

★ 专 家 提 醒 ★

具体而言，*x*、*y* 和 *z* 这 3 个坐标轴分别代表图像的不同参数。其中，*x* 和 *y* 用于确定图像的行数和列数，而 *z* 则用于确定批处理尺寸。通过在这 3 个坐标轴上设定不同的参数，可以将不同的参数组合起来生成多个图像网格。

2.3.1　【实战】：对比不同采样方法的出图效果

扫码看教学视频

利用 Stable Diffusion 的 *x/y/z* 图表工具，可以非常方便地对比不

同采样方法的出图效果，具体操作方法如下。

步骤 01 在“文生图”页面中输入相应的提示词，单击“生成”按钮，生成一张卡通图片，效果如图 2-36 所示。

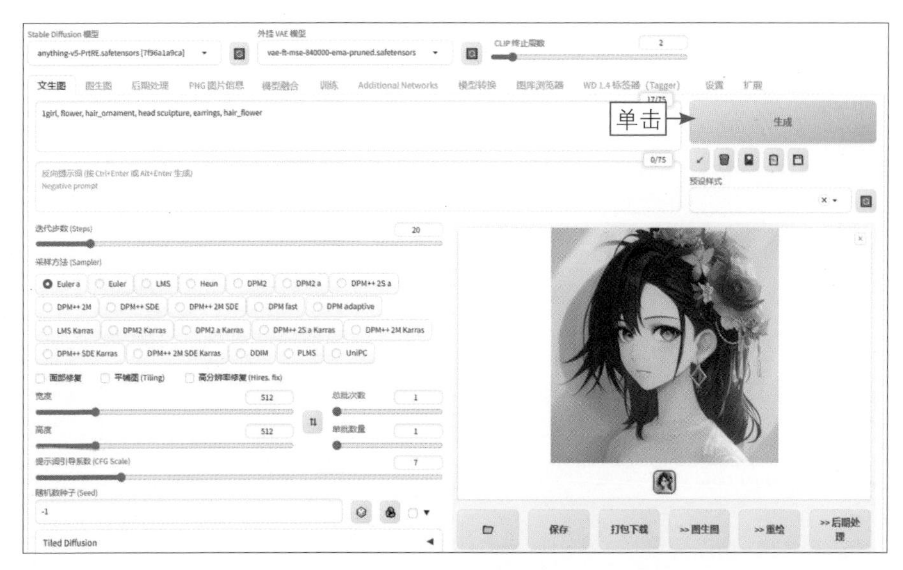

图 2-36　生成一张卡通图片

步骤 02 锁定该图片的 Seed 值，在“脚本”下拉列表中选择“*X*/*Y*/*Z* 图表”选项，如图 2-37 所示。

图 2-37　选择“*X*/*Y*/*Z* 图表”选项

步骤 03 执行操作后，即可展开 X/Y/Z plot（图表）选项区，单击“X 轴类型”下拉列表框的下拉按钮，如图 2-38 所示。

步骤 04 在弹出的下拉列表中选择“Sampler”选项，即可将“X 轴类型”设置为 Sampler，单击右侧的“X 轴值”按钮▣，在弹出的列表中删除不需要显示的采样方法，保留想要对比的采样方法即可，如图 2-39 所示。

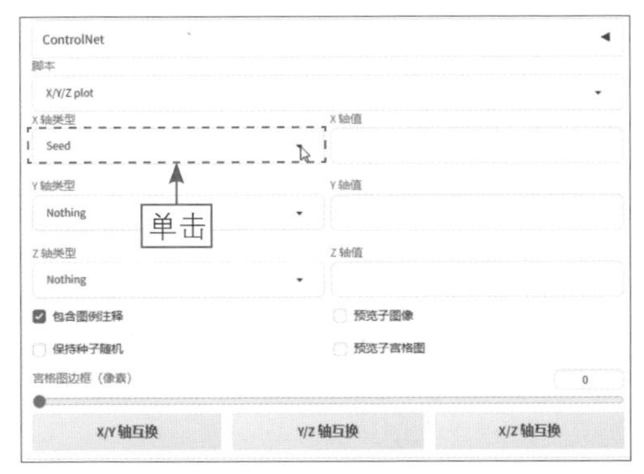

图 2-38　单击“X 轴类型”下拉列表框的下拉按钮

图 2-39　保留想要对比的采样方法

步骤 05 单击“生成”按钮，即可非常清晰地对比在同一个提示词下，6 种不同采样方法分别生成的图像，效果如图 2-40 所示。

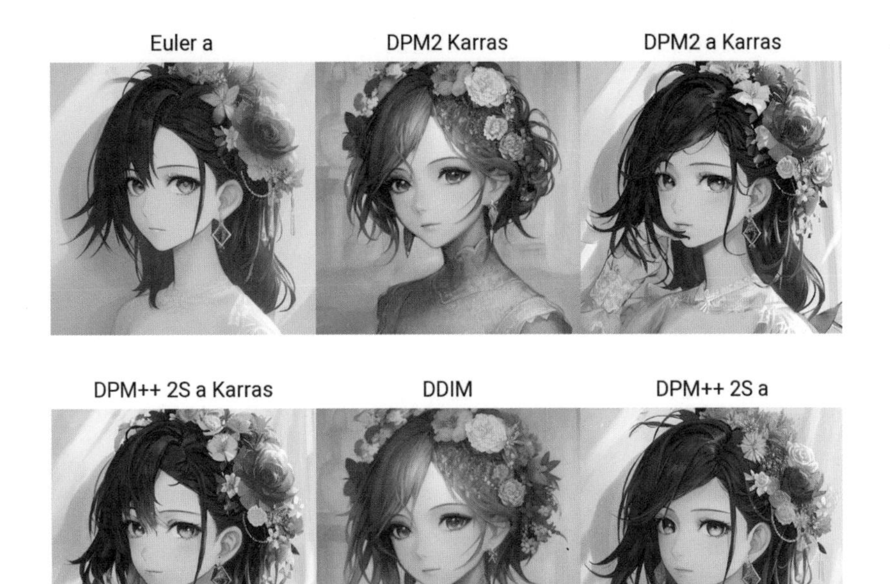

图 2-40　6 种不同采样方法分别生成的图像效果对比

【技巧总结】：用 *X*/*Y*/*Z* 图表筛选采样方法

通过 *X*/*Y*/*Z* 图表的对比，我们可以快速生成一张图片并观察不同参数组合下的效果。例如，上图中通过对比不同采样方法分别生成的图片，可以看到有些采样方法不适合生成动漫图片，人物的手部出现了变形现象，因此我们可以筛选出出图效果最佳的采样方法。

2.3.2 【实战】：对比不同模型的出图效果

扫码看教学视频

在上一例效果的基础上，我们还可以设置“*Y* 轴类型”选项，从而对比不同采样方法与不同模型的出图效果，具体操作方法如下。

步骤 01 在 *X*/*Y*/*Z* plot 选项区中，单击“*Y* 轴类型”下拉列表框的下拉按钮，在弹出的下拉列表中选择“模型名”选项，如图 2-41 所示。

步骤 02 执行操作后，单击“*Y* 轴值”按钮，在弹出的列表中删除不需要显示的模型名，保留想要对比的模型名即可，如图 2-42 所示。

图 2-41　选择“模型名”选项

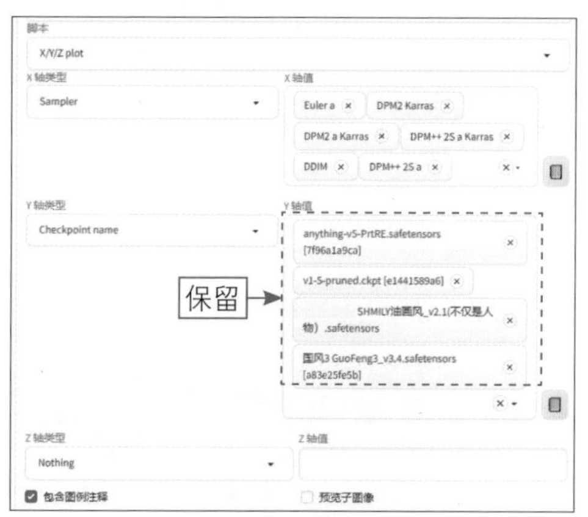

图 2-42　保留想要对比的模型名

步骤 03 单击“生成”按钮，即可非常清晰地对比在同一个提示词下，6 种不同采样方法和 4 种不同模型分别生成的图像，效果如图 2-43 所示。

【技巧总结】：快速互换 *X*/*Y*/*Z* 图表中的各轴参数

在 *X*/*Y*/*Z* plot 选项区中，通过不同的轴互换操作，可以更加灵活地呈现数据，帮助用户更好地理解不同变量之间的关系，相关技巧如下。

❶ 单击“*X*/*Y* 轴互换”按钮，会将 *X* 轴和 *Y* 轴互换，即原来在 *X* 轴上的变量会移动到 *Y* 轴上，原来在 *Y* 轴上的变量会移动到 *X* 轴上。这样可以将两个变量的关系以相反的方向呈现在图表上，方便进行对比和分析。

❷ 单击“*Y*/*Z* 轴互换”按钮，会将 *Y* 轴和 *Z* 轴互换，即原来在 *Y* 轴上的变量会移动到 *Z* 轴上，原来在 *Z* 轴上的变量会移动到 *Y* 轴上。这样可以将第 3 个变量从另一个维度中展示出来，方便观察和分析 3 个变量之间的关系。

❸ 单击“*X*/*Z* 轴互换”按钮，会将 *X* 轴和 *Z* 轴互换，即原来在 *X* 轴上的变量会移动到 *Z* 轴上，原来在 *Z* 轴上的变量会移动到 *X* 轴上。同样的，这样可以将第 3 个变量从另一个维度中展示出来，方便观察和分析另外两个变量之间的关系。

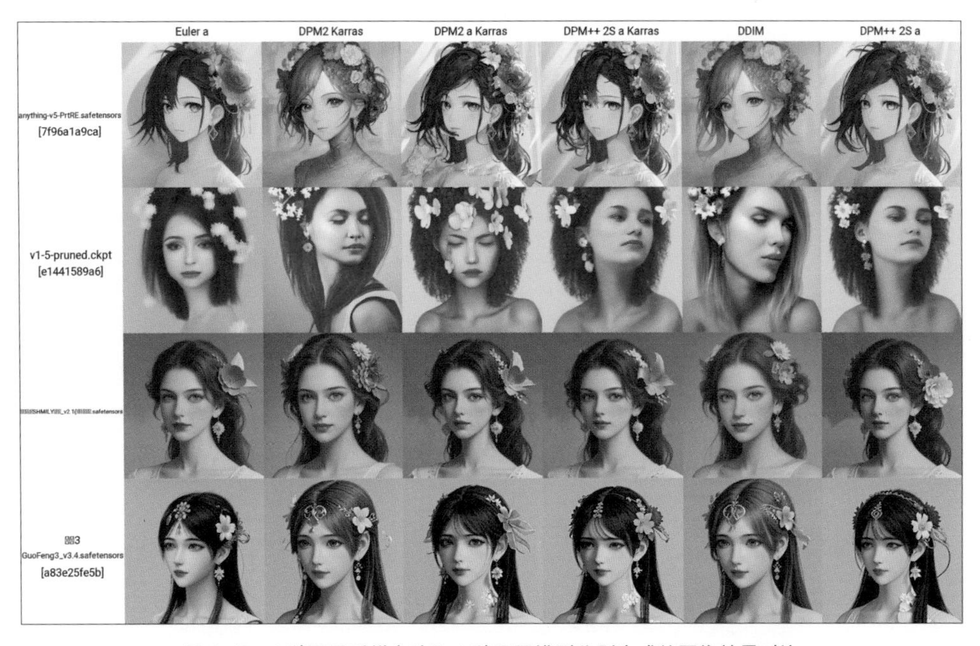

图 2-43　6 种不同采样方法和 4 种不同模型分别生成的图像效果对比

★ 专家提醒 ★

需要注意的是，*X*/*Y*/*Z* 图表中只能显示英文参数，因此模型名中的中文会变成乱码。如果用户对此有讲究，可以将模型名改为纯英文，但不建议大家修改，避免模型变得混乱和难以理解。

本章小结

本章主要向读者介绍了 Stable Diffusion 文生图的相关知识，具体包括文生图的基本参数设置，如迭代步数、采样方法、面部修复、高分辨率修复、图片尺寸、总批次数、单批数量、提示词引导系数；随机数种子的用法，如设置随机数种子、修改变异随机种子、融合不同的图片效果；*X*/*Y*/*Z* 图表的用法，如对比不同采样方法的出图效果、对比不同模型的出图效果等内容。通过对本章的学习，读者能够更好地掌握 Stable Diffusion 文生图的操作方法。

课后习题

鉴于本章知识的重要性，为了帮助读者更好地掌握所学知识，本节将通过课后习题，帮助读者进行简单的知识回顾和补充。

扫码看教学视频

1. 使用 Stable Diffusion 生成 800×600 分辨率的横图，效果如图 2-44 所示。

图 2-44　800×600 分辨率的横图效果

2. 使用 Stable Diffusion 以不同的提示词引导系数出图，效果对比如图 2-45 所示。

扫码看教学视频

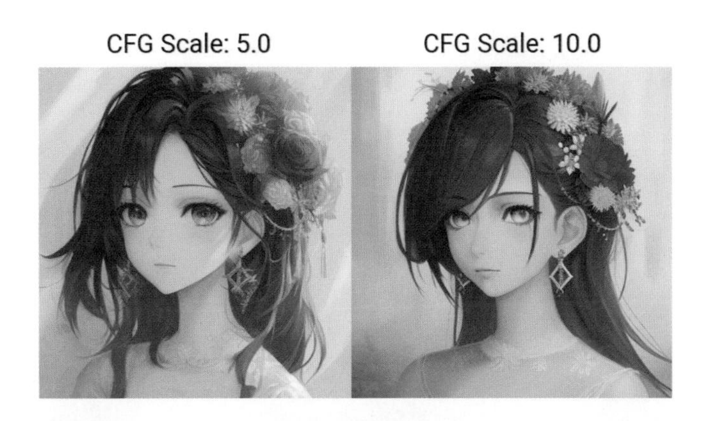

CFG Scale: 15.0
CFG Scale: 20.0
CFG Scale: 25.0

图 2-45　以不同的提示词引导系数的出图效果对比

第 3 章

14 个图生图技巧，创造独特的艺术画作

图生图功能大幅强化了Stable Diffusion的图像生成控制能力和出图质量，用户可以让Stable Diffusion散发出更加个性化的创作风格，生产出富有创意的数字艺术画作。本章将重点介绍Stable Diffusion的图生图AI绘画技巧，让你在创造独特的艺术画作时获得更多的灵感和技巧。

3.1 掌握图生图的绘图技巧

图生图是一种基于深度学习技术的图像生成方法，它可以将一张图片通过转换得到另一张与之相关的新图片，这种技术广泛应用于计算机图形学、视觉艺术等领域。本节将介绍 Stable Diffusion 图生图的绘图技巧，并通过实际案例的演示，让你了解如何利用这些技巧来创造出独特而有趣的图像效果。

3.1.1 了解图生图的主要功能

Stable Diffusion 的图生图（Image to Image）功能允许用户输入一张图片，并通过添加文本描述的方式输出修改后的新图片，相关示例如图 3-1 所示。

图 3-1 图生图示例

图生图功能突破了 AI 完全随机生成的局限性，为图像创作提供了更多的可能性，进一步增强了 Stable Diffusion 在数字艺术创作等领域的应用价值。

【知识扩展】：图生图功能的主要特点

Stable Diffusion 图生图功能的主要特点如下。

❶ 基于输入的原始图像进行生成，保留主要的样式和构图。

❷ 支持添加文本提示词，指导图像的生成方向，如修改风格、增强细节等。

❸ 可以通过分步渲染逐步优化和增强图像细节。

❹ 借助原图内容，可以明显改善和控制生成的图像效果。

❺ 可以模拟不同的艺术风格，并通过文本描述进行风格迁移。

❻ 可用于批量处理大量图片，自动完成图片的优化和修改。

3.1.2　【实战】：设置缩放模式

扫码看教学视频

当原图和用户设置的新图片的尺寸参数不一致的时候，用户可以通过“缩放模式”选项来选择图片处理模式，让出图效果更合理，具体操作方法如下。

步骤 01 进入 Stable Diffusion 的“图生图”页面，选择一个写实类的大模型，在下方的“图生图”选项卡中单击“点击上传”超链接，如图 3-2 所示。

步骤 02 弹出“打开”对话框，选择相应的素材图像，如图 3-3 所示。

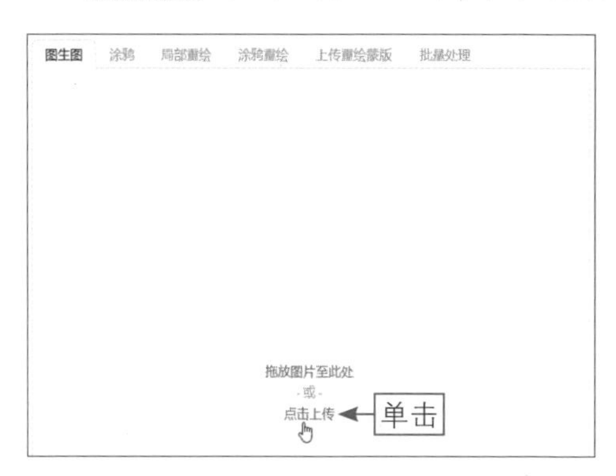

图 3-2　单击“点击上传”超链接

图 3-3　选择相应的素材图像

步骤 03 单击“打开”按钮，即可上传原图，如图 3-4 所示。

步骤 04 在页面下方设置相应的生成参数，在“缩放模式”选项区中，默认选中的是“仅调整大小”单选按钮，如图 3-5 所示。

图 3-4　上传原图

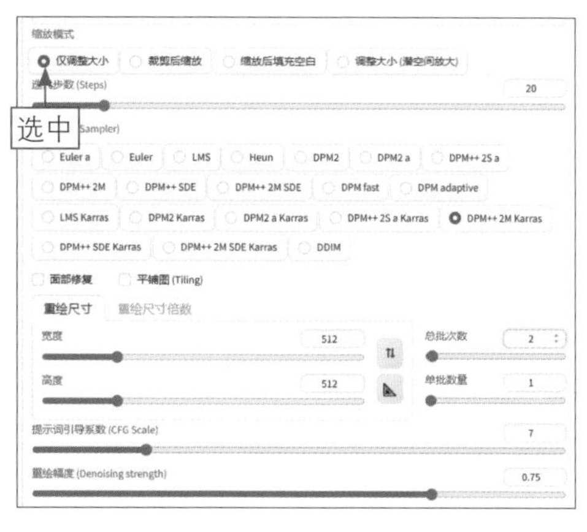

图 3-5　默认选中“仅调整大小”单选按钮

步骤 05 在页面上方的Prompt输入框中输入相应的提示词，单击“生成”按钮，如图3-6所示。

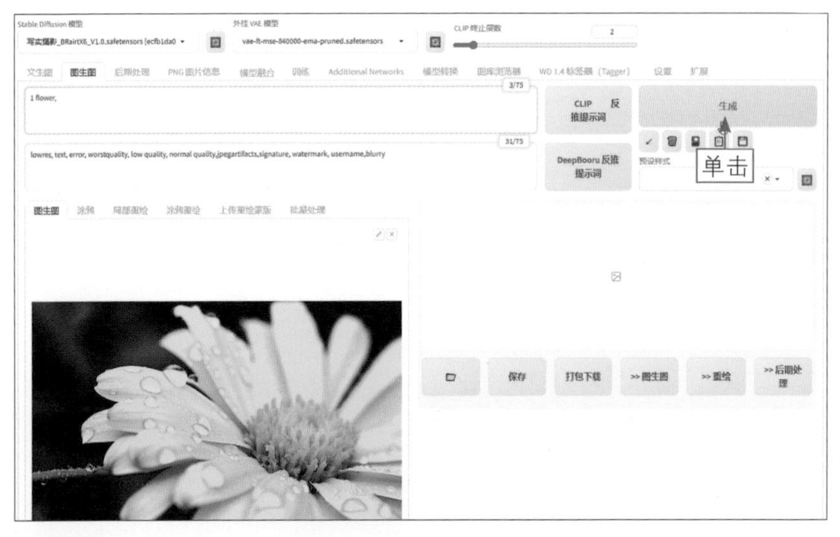

图3-6 单击“生成”按钮

步骤 06 执行操作后，即可使用“仅调整大小”模式生成相应的新图片，此时Stable Diffusion会将图像大小调整为用户设置的目标分辨率，除非高度和宽度匹配，否则将获得不正确的横纵比，可以看到主体被拉伸，效果如图3-7所示。

图3-7 “仅调整大小”模式生成的图像效果

步骤 07 在页面下方修改相应的生成参数，在“缩放模式”选项区中，选中“裁剪后缩放”单选按钮，如图3-8所示。

步骤 08 单击“生成”按钮，即可使用“裁剪后缩放”模式生成相应的新图片，此时 Stable Diffusion 会自动调整图像大小，使整个目标分辨率都被图像填充，并裁剪掉多出来的部分，效果如图 3-9 所示。

图 3-8　选中“裁剪后缩放”单选按钮

图 3-9　使用“裁剪后缩放”模式生成的图像效果

步骤 09 在“缩放模式”选项区中，选中“缩放后填充空白”单选按钮，如图 3-10 所示。

步骤 10 单击“生成”按钮，即可使用“缩放后填充空白”模式生成相应的新图片，此时 Stable Diffusion 会自动调整图像大小，使整个图像处在目标分辨率内，同时用图像的颜色自动填充空白区域，效果如图 3-11 所示。

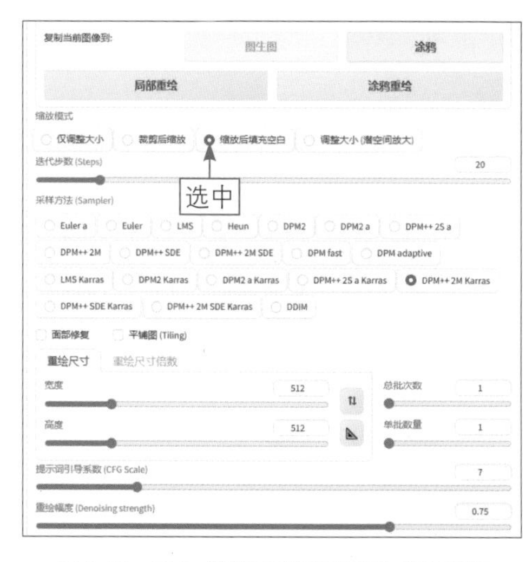

图 3-10　选中“缩放后填充空白”单选按钮

图 3-11　使用“缩放后填充空白”模式生成的图像效果

3.1.3 【实战】：设置重绘幅度

扫码看教学视频

在 Stable Diffusion 中，重绘幅度（Denoising Strength）用于控制在图生图中重新绘制图像时的强度或程度，较小的参数值会生成较柔和、逐渐变化的图像效果，而较大的参数值则会产生变化更强烈的图像效果。下面介绍设置重绘幅度的操作方法。

步骤 01 进入“图生图”页面，上传一张原图，如图 3-12 所示。

步骤 02 在页面下方设置“重绘幅度（Denoising Strength）”为 0.02、“总批次数”为 2，如图 3-13 所示，Denoising Strength 值越小，生成的新图片会越贴合原图的效果。

图 3-12　上传一张原图

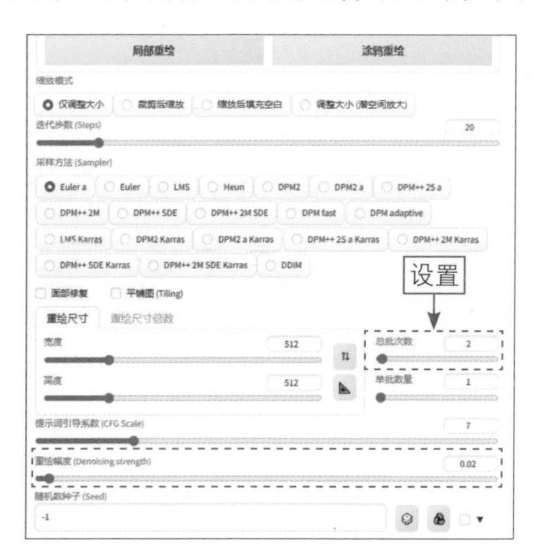

图 3-13　设置相应的参数

步骤 03 单击“生成”按钮，即可生成两张新图，但较小的“重绘幅度（Denoising Strength）”值导致新图与原图几乎无差别，效果如图 3-14 所示。

图 3-14　两张新图与原图几乎无差别

步骤 04 将“重绘幅度（Denoising Strength）”设置为 0.8，再次单击“生成”按钮，即可生成两张新图，较大的 Denoising Strength 值导致两张新图的变化非常大，效果如图 3-15 所示。

图 3-15　两张新图的变化非常大

【技巧总结】：重绘幅度的设置技巧

图 3-16 所示为不同“重绘幅度（Denoising Strength）”值生成的图像效果对比。

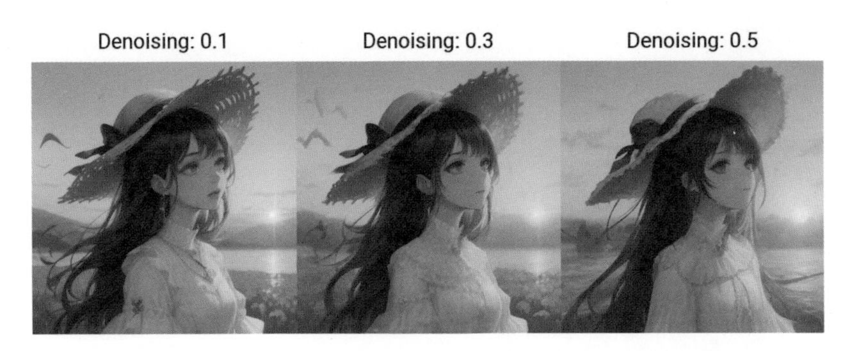

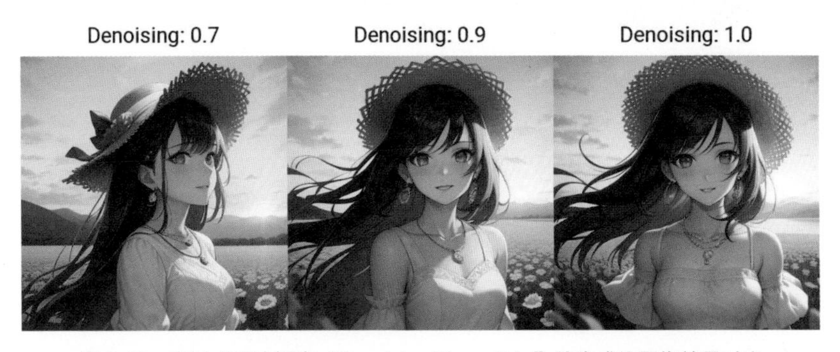

图 3-16　不同“重绘幅度（Denoising Strength）”值生成的图像效果对比

从图3-16中可以很直观地看到，当“重绘幅度(Denoising Strength)”值低于0.5的时候，新图比较接近原图；当“重绘幅度(Denoising Strength)”值超过0.7以后，则AI的自由创作力度就会变大。因此，用户可以根据需要调整重绘幅度，以达到自己想要的特定效果。

重绘幅度参数可以用于各种不同的图像处理和生成任务，包括图像增强、色彩校正、图像修复等。例如，在改变图像的色调或进行其他形式的颜色调整时，可能需要较小的“重绘幅度（Denoising Strength）”值；而在大幅度改变图像内容或进行风格转换时，可能需要更大的“重绘幅度（Denoising Strength）”值。

3.1.4 【实战】：循环图生图

扫码看教学视频

我们可以利用较低的重绘幅度参数，通过循环图生图的方式，实现多次生成并逐渐修改图像风格的结果，具体操作方法如下。

步骤 01 进入“图生图”页面，上传一张原图，选择一个二次元风格的大模型，并输入相应的提示词，如图3-17所示。

图3-17 输入相应的提示词

★ 专家提醒 ★

当重绘幅度较高时，Stable Diffusion会更加注重细节的保留和重建，因此生成的图像可能更加清晰和细腻。这种设置适用于需要高度细节保真度的应用场景，如图像修复和超分辨率重建等。

步骤 02 在页面下方设置“重绘幅度（Denoising Strength）”为0.2，其他设置如图 3-18 所示，较小的“重绘幅度（Denoising Strength）”值会使新图更贴合原图的效果。

步骤 03 单击“生成”按钮，生成相应的新图，效果如图 3-19 所示，可以看到新图的效果跟原图非常类似，且风格化不是很明显。

图 3-18　设置相应的参数

图 3-19　生成相应的图片效果

步骤 04 在图片生成区域中，将生成的新图拖至“图生图”选项卡中，如图 3-20 所示，即可将新图设置为图生图的重绘参考图。

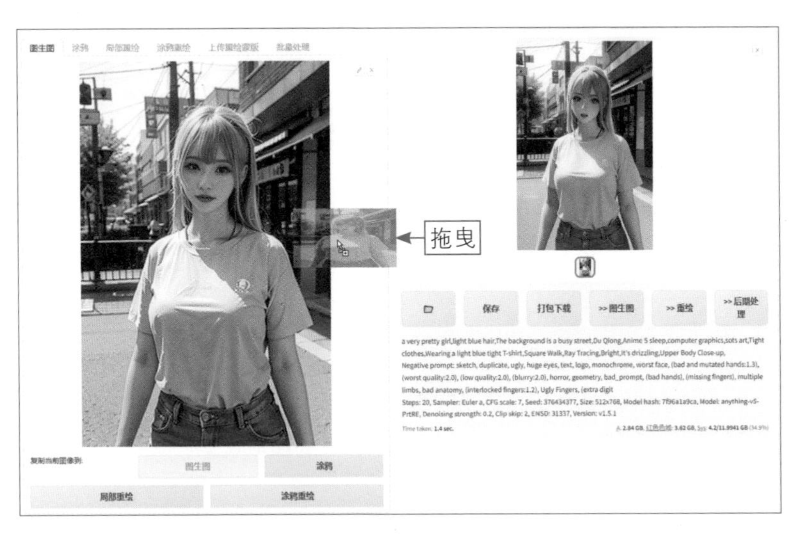

图 3-20　将生成的新图拖至“图生图”选项卡中

步骤05 单击“生成”按钮，以生成的新图为基础进行迭代，再次生成相应的新图，效果如图 3-21 所示，可以看到图片的二次元风格变得更加明显。

步骤06 重复执行步骤 04 ～步骤 05 的操作多次，进行循环图生图操作，即可将真人照片转换为二次元风格，效果如图 3-22 所示。

图 3-21　再次生成相应的新图

图 3-22　将真人照片转换为二次元风格

★ 专家提醒 ★

除了控制重新绘制图像的强度或程度，在 Stable Diffusion 中重绘幅度还可以用于调整生成图像的质量和细节。例如，当重绘幅度值较低时，Stable Diffusion 可能更注重整体的均匀性，因此生成的图像可能更加平滑和模糊。这种设置适用于需要消除噪声或强调整体变化的应用，例如图像降噪或风格转换等。

因此，通过合理设置重绘幅度值，可以获得更好的生成效果和更符合实际需求的图像处理结果。

3.1.5 【实战】：用图生图制作头像

扫码看教学视频

使用 Stable Diffusion 的图生图功能，通过对图片不断地进行迭代和调整，我们可以创作出各种各样有趣的图像效果。下面将介绍如何使用 Stable Diffusion 的图生图功能制作头像，这种方法不仅简单易行，而且可以轻松地调整各种参数，得到不同风格和特点的头像效果。具体操作方法如下。

步骤 01 进入“图生图”页面，上传一张原图，选择一个动漫风格的大模型，输入相应的提示词，如图 3-23 所示。

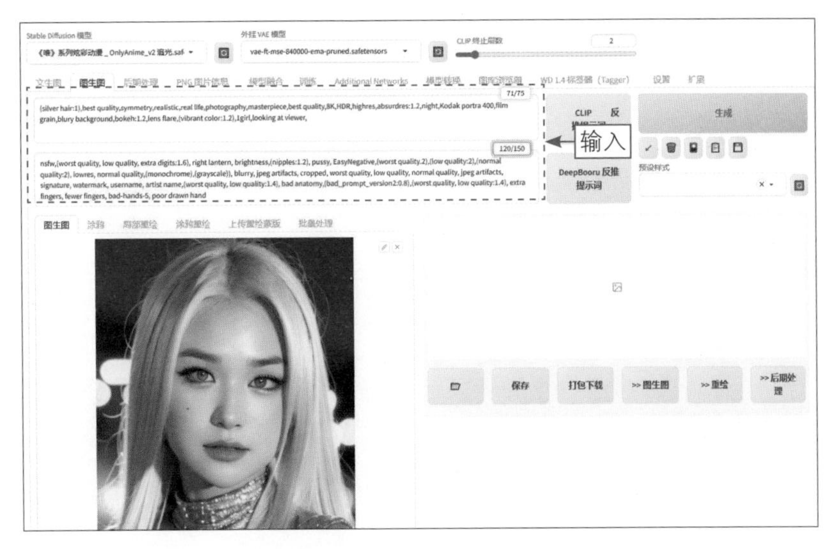

图 3-23　输入相应的提示词

步骤 02 在页面下方设置“重绘幅度（Denoising Strength）”为 0.65，其他设置如图 3-24 所示，生成的新图会最接近原图，且保持较好的质量。

步骤 03 展开 ControlNet 选项区，上传相应的原图，其他设置如图 3-25 所示，主要用于实现真人转动漫风格。

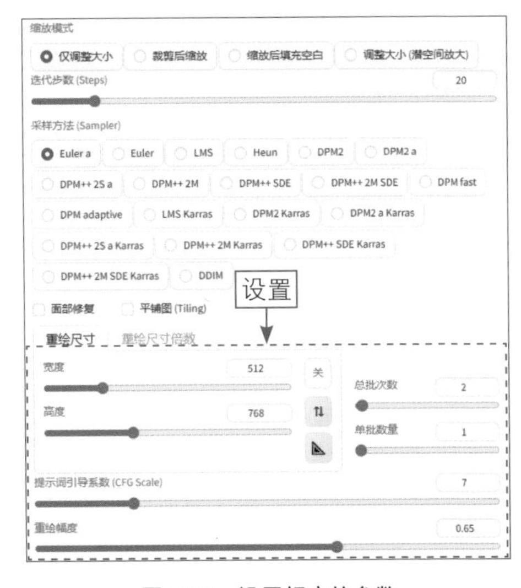

图 3-24　设置相应的参数

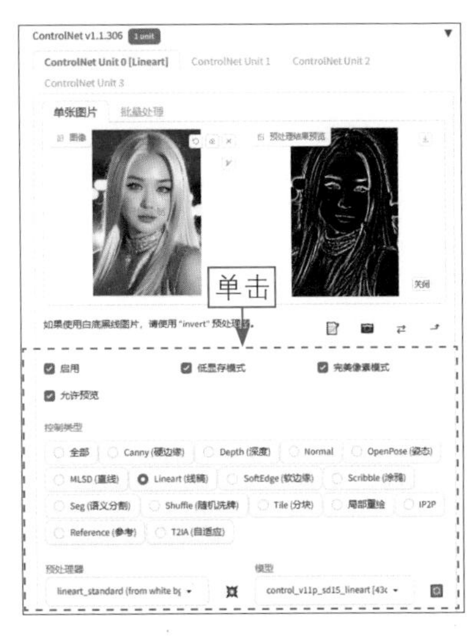

图 3-25　设置 ControlNet 参数

步骤 04 单击“生成”按钮，即可生成相应的新图，将真人照片变成动漫风格的头像，效果如图 3-26 所示。

图 3-26　将真人照片变成动漫风格的头像

3.2　掌握局部重绘的方法

局部重绘是 Stable Diffusion 图生图的一个重要功能，它能够针对图像的局部区域进行重新绘制，从而制作出各种具有创意的图像效果。使用局部重绘功能，能够为 AI 绘画提供更多的创造性和灵活性，使得用户可以更加自由地探索和尝试各种图像处理和生成任务。

3.2.1　【实战】：用局部重绘给人物换脸

扫码看教学视频

局部重绘功能可以让用户更加灵活地控制图像的变化，它只对特定的区域进行修改和变换，而保持其他部分不变。局部重绘功能可以应用到许多场景中，我们可以对图像的某个区域进行局部增强或改变，以实现更加细致和精确的图像编辑。

例如，我们可以只修改图像中的人物脸部特征，从而实现人脸交换或面部修改的效果，具体操作方法如下。

步骤 01 进入“图生图”页面，选择一个写实类的大模型，切换至“局部重绘”选项卡，上传一张原图，如图 3-27 所示。

步骤 02 单击右上角的按钮，拖曳滑块，适当调大笔刷，如图 3-28 所示。

图 3-27　上传一张原图

图 3-28　适当调大笔刷

步骤 03 涂抹人物的脸部，创建相应的蒙版区域，如图 3-29 所示。

步骤 04 在页面下方设置“采用方法（Sampler）”为 DPM++ 2M Karras、“总批次数”为 2，如图 3-30 所示，用于创建类似真人的脸部效果。

图 3-29　创建相应的蒙版区域

图 3-30　设置相应的参数

步骤 05 单击“生成”按钮，即可生成相应的新图，可以看到人物脸部出现了较大的变化，而其他部分则保持不变，效果如图 3-31 所示。

图 3-31　给人物换脸效果

3.2.2　蒙版模糊的设置技巧

蒙版模糊用于控制蒙版边缘的模糊程度，作用与 Photoshop 中的羽化功能类似。较小的蒙版模糊值可以更好地保留重绘部分的细节和边缘，而较大的蒙版模糊值则会使得边缘更加模糊，相关的图像效果对比如图 3-32 所示。

图 3-32　不同的蒙版模糊值生成的图像效果对比

蒙版模糊的作用在于能够更好地融合重绘部分与原始图像之间的过渡区域。通过调整蒙版模糊值，可以调整蒙版边缘的软硬程度，使得重绘的图像部分能够更自然地融入原始图像中，避免图像中出现过于突兀的变化。

【知识扩展】：蒙版模糊的应用场景

在一些应用场景中，如人脸交换或面部修改，需要更加精细地控制重绘部分的边缘，以实现更自然、逼真的绘画效果。在这种情况下，合适的蒙版模糊值可以帮助我们更好地实现这一目标。较小的蒙版模糊值可以更好地保留重绘部分的细节和边缘，而较大的值则可以使重绘部分更好地融入图像整体，达到更加平滑、自然的效果。

3.2.3　两种蒙版模式的设置

局部重绘功能中有两种蒙版模式，即重绘蒙版内容（Paint-Mask）和重绘非蒙版内容（Invert-Mask），这两种模式主要用于控制重绘的内容和效果。

在局部重绘功能的生成参数中，选中“重绘蒙版内容”单选按钮，则蒙版仅用于限制重绘的内容，只有蒙版内的区域会被重绘，而蒙版外的部分则保持不变。这种模式通常用于对图像的特定区域进行修改或变换，通过在蒙版内绘制新的内容，我们可以实现局部重绘的效果。例如，在画面中的小狗上创建一个蒙版，改变提示词，可以将小狗变成兔子，效果如图 3-33 所示。

图 3-33　将小狗变成兔子

选中“重绘非蒙版内容”单选按钮时，如图 3-34 所示，只有蒙版外的区域会被重绘，而蒙版内的部分则保持不变。

图 3-34　选中“重绘非蒙版内容”单选按钮

重绘非蒙版内容模式通常用于将一种特定的内容或效果应用于图像的特定区域，通过在蒙版外绘制新的内容，我们可以实现局部重绘的效果。例如，我们可以用蒙版限制重绘的区域为小狗部分，然后选中“重绘非蒙版内容”单选按钮，反转蒙版区域，并应用特定的提示词改变小狗所处的背景，效果如图 3-35 所示。

图 3-35　将背景变成森林

3.2.4　4 种蒙版区域内容处理方式

蒙版区域内容处理决定了蒙版区域的初始画面，其中有 4 种处理方式，分别为填充、原图、潜空间噪声和空白潜空间，如图 3-36 所示。这些设置用于控制蒙版内和蒙版外的填充方式，从而影响局部重绘的效果。

为了方便大家理解，下面直接将“重绘幅度（Denoising Strength）”设置为 0.2，让大家看下 AI 针对这 4 种方式是如何处理的，图像效果对比如图 3-37 所示。

❶ 填充：将重绘区域打上极度模糊的效果，然后让 AI 重新降噪并生成图像。

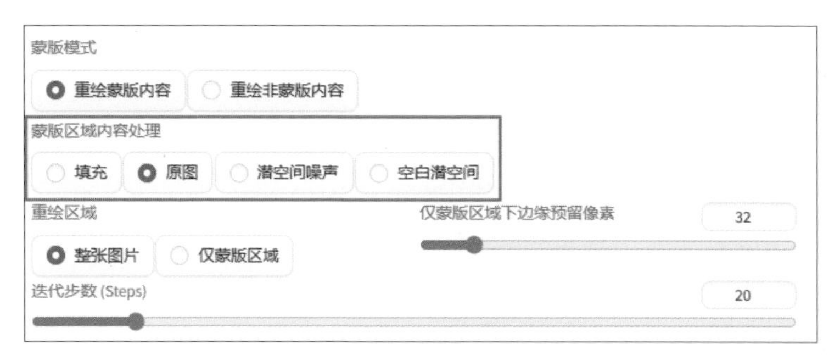

图 3-36　4 种蒙版区域内容处理方式

图 3-37　4 种蒙版区域内容处理方式生成的图像效果对比

❷ 原图：让 AI 在原图的基础上重绘局部区域，如果用户只是想微调图像布局，可以选择这种方式。

❸ 潜空间噪声：AI 会重新给蒙版区域铺满马赛克，并重新进行降噪处理，能够让重绘区域产生很大的变化。

❹ 空白潜空间：AI 会根据蒙版周边的颜色生成一个色调相似的纯色色块，再进行局部重绘处理，与“填充”方式的效果比较类似。

【技巧总结】：如何选择 4 种蒙版蒙住的内容？

蒙版蒙住的内容中提供了不同的处理方式，用户可以根据实际需求进行选择，以实现不同的局部重绘效果。

❶ 对图片进行简单的微调，可选中“原图”单选按钮。

❷ 对图片进行较大的改动，可选中“填充”或“空白潜空间”单选按钮。

❸ 在图片中进行无中生有的创作，可选中“潜空间噪声”单选按钮。

3.2.5 两种局部重绘区域的设置

重绘区域的作用是设置 AI 在重绘局部区域时的参考范围，选中“整张图片”单选按钮，可以让 AI 参考原图的全部像素来进行局部重绘，效果如图 3-38 所示；选中“仅蒙版区域”单选按钮，可以让 AI 只画蒙版中的区域，但可能会产生重影，效果如图 3-39 所示。

图 3-38 整张图片局部重绘效果

图 3-39 仅蒙版区域局部重绘效果

因此，通常情况下建议用户选中“整张图片”单选按钮进行局部重绘，虽然比较耗时，但可以避免 AI 乱画。当然，也有一种特殊情况，那就是重绘的局部区域在画面中的占比非常小，此时就可以选中“仅蒙版区域”单选按钮。

另外，如果用户选中了“仅蒙版区域”单选按钮，还需要设置“仅蒙版区域下边缘预留像素”参数，如图 3-40 所示。“仅蒙版区域下边缘预留像素”选项和蒙版模糊的作用类似，该选项的参数值设置得越高，AI 就会参考蒙版周边越多的像素进行重绘，效果对比如图 3-41 所示。

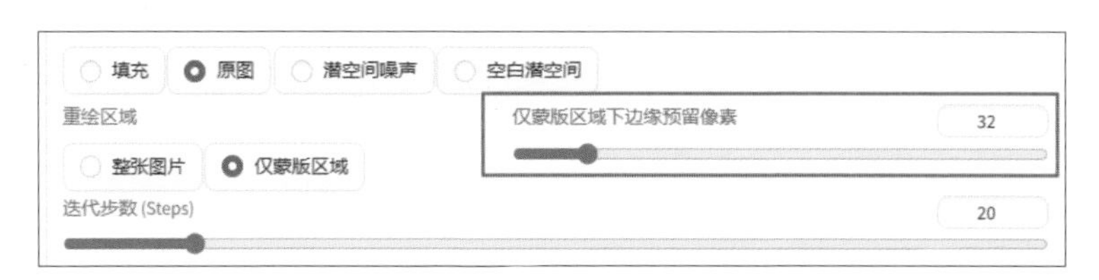

图 3-40　“仅蒙版区域下边缘预留像素”参数设置

图 3-41　不同“仅蒙版区域下边缘预留像素”参数值生成的图像效果对比

3.3 掌握图生图的高级玩法

本节主要介绍一些图生图的高级玩法，如涂鸦、涂鸦重绘、上传重绘蒙版和批量处理等。掌握这些技巧，能够创作出更加独特和富有艺术感的图像。

3.3.1 【实战】：用“涂鸦”功能实现定制图像

扫码看教学视频

利用“涂鸦”功能可以让用户在涂抹的区域按照指定的提示词生成自己想要的部分图像，用户能够更自由地创作和定制图像，具体操作方法如下。

步骤 01 进入“图生图”页面，选择一个写实类的大模型，切换至“涂鸦”选项卡，上传一张原图，如图 3-42 所示。

步骤 02 使用笔刷工具在人物的眼部涂抹出一个眼睛形状的蒙版，如图 3-43 所示。

图 3-42　上传一张原图

图 3-43　涂抹出眼睛形状的蒙版

步骤 03 输入相应的提示词，控制将要绘制的图像内容，如图 3-44 所示。

图 3-44　输入相应的提示词

步骤 04 设置“高度”为 768，将新图像的尺寸调整为与原图一致，其他设置如图 3-45 所示。

步骤 05 单击“生成”按钮，即可生成相应的眼镜图像，效果如图 3-46 所示。

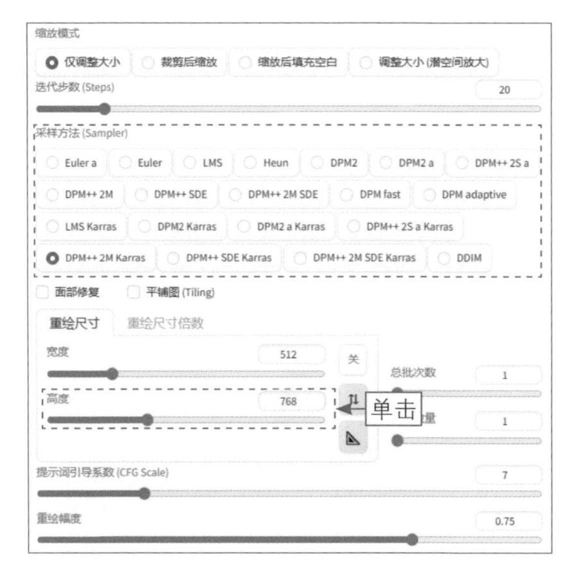

图 3-45　设置相应的参数

图 3-46　生成眼镜图像效果

★ 专 家 提 醒 ★

需要注意的是，当在涂鸦后不改变任何参数的情况下生成图像时，没有被涂鸦的区域也会发生一些变化。

【技巧总结】：修改涂鸦的颜色

在“涂鸦”选项卡中，单击 按钮，在弹出的拾色器中可以选择相应的笔刷颜色，如图 3-47 所示。已被涂鸦的区域将会根据涂鸦的颜色进行改变，但是这种变化可能会对图像生成产生较大的影响，甚至导致人物姿势的改变。

图 3-47　选择相应的笔刷颜色

3.3.2 【实战】：用“涂鸦重绘”功能更换衣服颜色

扫码看教学视频

“涂鸦重绘”在之前的版本中称为“局部重绘”（手涂蒙版），它其实就是“涂鸦 + 局部重绘”的结合体，这个功能的出现是为了解决用户不想改变整张图片更精准地对多个元素进行修改的难题。下面介绍用“涂鸦重绘”功能更换衣服颜色的操作方法。

步骤 01 进入“图生图”页面，选择一个写实类的大模型，切换至“涂鸦重绘”选项卡，上传一张原图，如图 3-48 所示。

步骤 02 将笔刷颜色设置为黄色，在人物的衣服上进行涂抹，创建一个蒙版，如图 3-49 所示。

图 3-48　上传一张原图

图 3-49　涂抹以创建一个蒙版

步骤 03 输入提示词 Yellow dress（黄色连衣裙），在下方设置相应的“采样方法”和“总批次数”参数，其他选项保持默认即可，如图 3-50 所示。

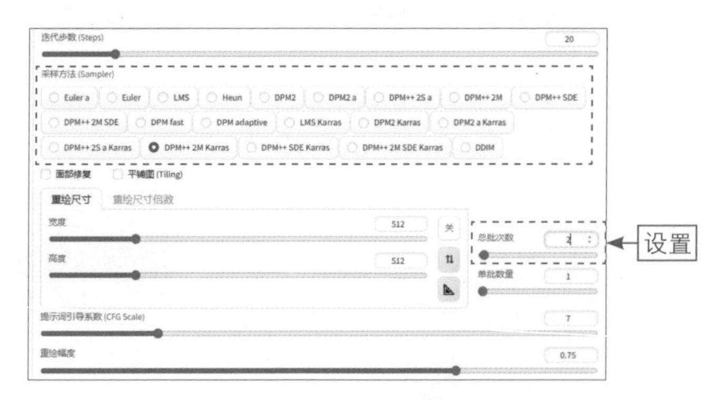

图 3-50　设置相应的参数

步骤 04 单击“生成”按钮，即可生成相应的新图，并将人物衣服的颜色改为黄色，效果如图 3-51 所示。

图 3-51　改变人物衣服的颜色效果

【技巧总结】：修改蒙版的透明度

在“涂鸦重绘”选项卡的“生成”参数区域中，有一个“蒙版透明度”选项，主要用于控制重绘图像的透明度。例如，将下图中的天空涂抹为蓝色，分别设置不同的“蒙版透明度”值，生成的图像效果对比如图 3-52 所示。

图 3-52　不同“蒙版透明度”值生成的图像效果对比

从图3-52的对比可以看到，随着“蒙版透明度”值的增加，蒙版中的图像越来越透明，当“蒙版透明度”值达到100时，重绘的图像就变得完全透明了。

“蒙版透明度”选项的作用主要有两个：首先就是像图3-52中的最后一张图一样，它可以当作一个颜色滤镜，调整画面的色调氛围；其次还可以给图像进行局部上色，如给人物的头发上色，蒙版与效果如图3-53所示。

图3-53　给人物的头发上色

3.3.3 【实战】：用“上传重绘蒙版”功能更换沙发颜色

扫码看教学视频

前面的局部重绘、涂鸦等图生图功能都是通过手涂的方式来创建蒙版的，蒙版的精准度比较低。对于这种情况，Stable Diffusion开发了一个“上传重绘蒙版”功能，用户可以手动上传一张黑白图当作蒙版进行重绘，这样用户就可以在Photoshop中直接用选区来绘制蒙版了。

★ 专 家 提 醒 ★

需要注意的是，上传的蒙版必须是黑白图片，不能带有透明通道。如果用户上传的是带有透明通道的蒙版，那么重绘的地方会呈现方形区域，与想要重绘的区域无法完全贴合。

下面用“上传重绘蒙版”功能来更换沙发的颜色，操作起来比“涂鸦”重绘功能更加便捷，具体操作方法如下。

步骤 01 在Photoshop的菜单栏中选择“文件”|“打开”命令，打开一张原图，

如图 3-54 所示。

步骤 02 选取工具箱中的快速选择工具，在沙发图像上创建一个选区，如图 3-55 所示。

图 3-54　打开一张原图

图 3-55　创建一个选区

步骤 03 设置默认的前景色和背景色，按【Ctrl+Delete】组合键，在选区内填充白色的前景色，如图 3-56 所示。

步骤 04 按【Shift+Ctrl+I】组合键反选选区，按【Alt+Delete】组合键将其他区域填充为黑色的背景色，按【Ctrl+D】组合键取消选区，如图 3-57 所示。

图 3-56　填充白色的前景色

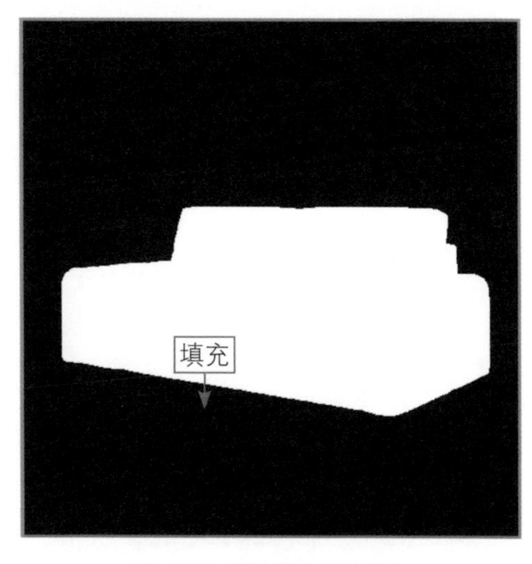

图 3-57　填充黑色的背景色

步骤 05 将做好的蒙版图片保存为 PNG 格式，进入 Stable Diffusion 的“图生图”页面，选择一个写实类的大模型，切换至“上传重绘蒙版”选项卡，分别上传原图和蒙版，如图 3-58 所示。

步骤 06 在页面下方的“蒙版模式”选项区中，选中“重绘蒙版内容”单选按钮，其他设置如图 3-59 所示。注意，上传重绘蒙版和前面的局部重绘功能不同，上传蒙版中的白色代表重绘区域，黑色代表保持原样，因此这里一定要选中“重绘蒙版内容”单选按钮。

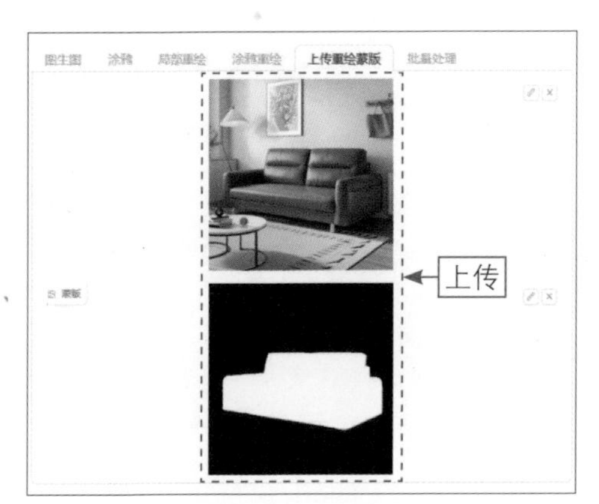

图 3-58　上传原图和蒙版

图 3-59　设置相应的参数

步骤 07 输入提示词 Beige sofa（米色沙发），单击“生成”按钮，即可生成相应的新图，并将沙发的颜色改为米色，效果如图 3-60 所示。

图 3-60　将沙发的颜色改为米色效果

3.3.4　局部重绘的批量处理

批量处理就是同时处理多张上传的蒙版并重绘图像，用户需要先设置好输入目录、输出目录等路径，如图 3-61 所示。

图生图　涂鸦　局部重绘　涂鸦重绘　上传重绘蒙版　批量处理

处理服务器主机上某一目录里的图像
输出图像到一个空目录，而非设置里指定的输出目录
添加重绘蒙版目录以启用重绘蒙版功能

输入目录
原图的路径

输出目录
处理后的效果图路径

批量重绘蒙版目录 (仅限批量重绘使用)
蒙版的路径

ControlNet 输入目录
留空以使用普通输入目录

PNG 图片信息

图 3-61　批量处理的基本设置方法

需要注意的是，输入目录、输出目录等路径中不要携带任何中文或者特殊字符，否则 Stable Diffusion 会报错，并且所有原图和蒙版的文件名称需要一致，相关示例如图 3-62 所示。当用户设置好参数之后，即可一次性重绘多张图片，能够极大地提升局部重绘的效率。

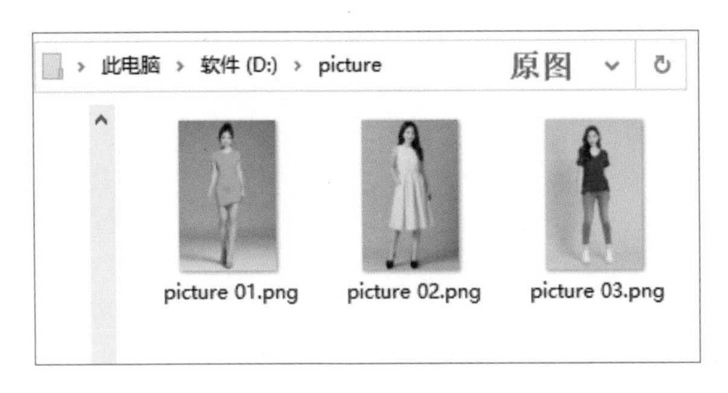

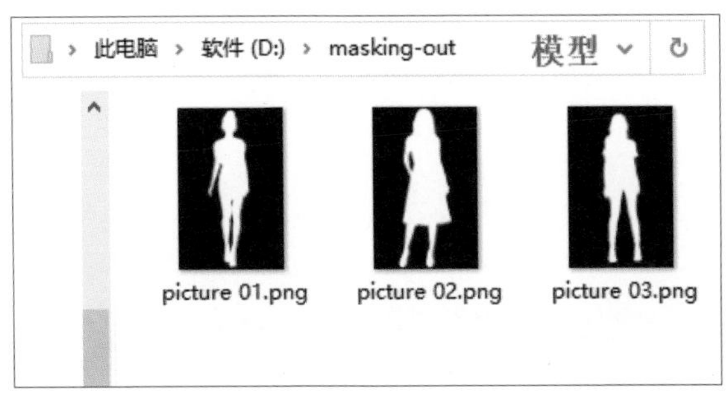

图 3-62　原图和模型（蒙版）的路径与文件名称设置示例

本章小结

本章主要向读者介绍了 Stable Diffusion 图生图的基本知识，具体内容包括掌握图生图的绘图技巧，如了解图生图的主要功能、设置缩放模式、设置重绘幅度、循环图生图、用图生图制作头像；掌握局部重绘的方法，如用局部重绘给人物换脸、蒙版模糊的设置技巧、两种蒙版模式的设置技巧、4 种蒙版区域内容处理方式、两种局部重绘区域的设置技巧；掌握图生图的高级玩法，如用“涂鸦”功能实现定制图像、用“涂鸦重绘”功能重绘更换衣服颜色、用“上传重绘蒙版”功能更换沙发颜色、局部重绘的批量处理技巧等。通过对本章的学习，读者能够更好地掌握 Stable Diffusion 的图生图玩法。

课后习题

鉴于本章知识的重要性，为了帮助读者更好地掌握所学知识，本节将通过课后习题，帮助读者进行简单的知识回顾和补充。

1. 使用图生图功能将真人照片转换为动漫人物，效果如图 3-63 所示。

扫码看教学视频

图 3-63　动漫人物效果

2. 使用“局部重绘”功能在图片上绘制一个帐篷，效果如图 3-64 所示。

扫码看教学视频

图 3-64　绘制帐篷效果

第 4 章

14 个提示词使用技巧，掌握 SD 的万能词库

在使用Stable Diffusion文生图或图生图功能进行AI绘画时，我们可以通过给定一些提示词或上下文信息，生成与这些描述信息相关的图像效果。通过不断尝试新的提示词组合和使用不同的参数设置，我们可以发现更多的可能性并探索新的创意方向。

4.1　掌握提示词的基本用法

Stable Diffusion 中的提示词也叫 tag（标签）或 Prompt，网上也有人将其称为“咒语”，它是一种文本内容，用于指导生成图像的方向和内容。提示词可以是关键词、短语或句子，用于描述所需的图像样式、主题、风格、颜色、纹理等。通过提供清晰的提示词，可以帮助 Stable Diffusion 生成更符合用户需求的图像。

4.1.1　提示词的 5 大书写公式

Stable Diffusion 的提示词分为正向提示词和反向提示词两种，上面为正向提示词输入框，下面为反向提示词输入框，如图 4-1 所示。

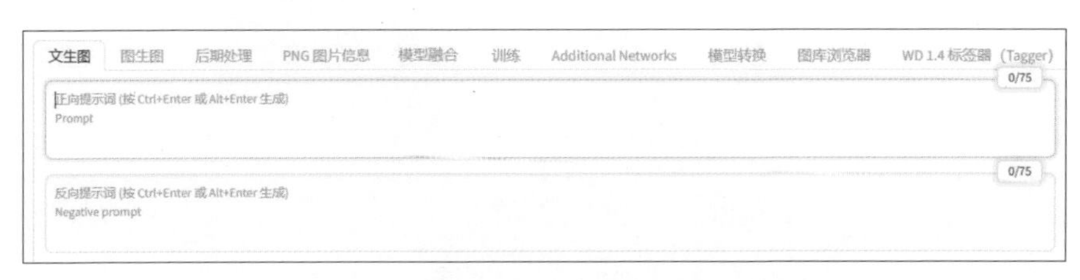

图 4-1　Stable Diffusion 的提示词输入框

虽然很多人的提示词看着密密麻麻的一大片，但实际都逃不开一个很简单的提示词书写公式，即“画面质量 + 画面风格 + 画面主体 + 画面场景 + 其他元素”，对应的说明如下。

❶ 画面质量：通常为起手通用提示词。

❷ 画面风格：包括绘画风格、构图方式等。

❸ 画面主体：包括人物、物体等细节描述。

❹ 画面场景：包括环境、点缀元素等细节描述。

❺ 其他元素：包括视角、特色、光线、插件等。

4.1.2　【实战】：输入正向提示词

扫码看教学视频

Stable Diffusion 中的正向提示词（Positive Prompt）是指那些能够引导模型生成符合用户需求的结果的提示词，这些提示词可以描述所需的全部图像信息。下面介绍输入正向提示词并生成图像的操作方法。

步骤 01 进入 Stable Diffusion 的“文生图”页面，根据前面介绍的书写公式输入相应的正向提示词，如图 4-2 所示。注意，按【Enter】键换行并不会影响提示词的效果。

图 4-2　输入相应的正向提示词

步骤 02 对生成参数进行适当的调整，单击“生成”按钮，即可生成与提示词描述相对应的图像，但背景有些模糊，整体质量不佳，效果如图 4-3 所示。

图 4-3　使用正向提示词直接生成的图像效果

【技巧总结】：书写正向提示词的注意事项

在书写正向提示词时，需要注意以下几点。

❶ 具体、清晰地描述所需的图像内容，避免使用模糊、抽象的词汇。

❷ 根据需要使用多个提示词，以覆盖更广泛的图像内容。

❸ 考虑使用正向提示词的同时，可以添加一些修饰语或额外的信息，以增强提示词的引导效果。

需要注意的是，Stable Diffusion 模型的生成结果可能受到多种因素的影响，包括输入的提示词、模型本身的性能和训练数据等。因此，有时候即使使用了正确的正向提示词，也可能会生成不符合预期的图像。

4.1.3 【实战】：输入反向提示词

扫码看教学视频

Stable Diffusion 中的反向提示词（Negative Prompt）是用来描述不希望在所生成图像中出现的特征或元素的提示词。反向提示词可以帮助模型排除某些特定的内容或特征，从而使生成的图像更加符合用户的需求。下面在上一例效果的基础上，输入相应的反向提示词，对图像进行优化和调整，具体操作方法如下。

步骤 01 在“文生图”页面中，输入相应的反向提示词，如图 4-4 所示。

图 4-4　输入相应的反向提示词

步骤 02 单击“生成”按钮，在生成与提示词描述相对应的图像的同时，画面质量会更好一些，效果如图 4-5 所示。

图 4-5　加入反向提示词后生成的图像效果

【技巧总结】：书写反向提示词的注意事项

反向提示词的使用可以让模型更加准确地满足用户的需求，避免生成不必要的内容或特征。但需要注意的是，反向提示词可能会对生成的图像产生一定的限制，因此用户需要根据具体需求进行权衡和调整。

4.1.4　【实战】：保存与调用提示词

扫码看教学视频

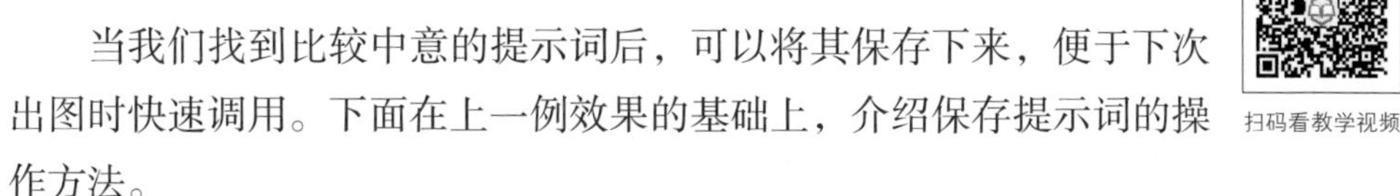

当我们找到比较中意的提示词后，可以将其保存下来，便于下次出图时快速调用。下面在上一例效果的基础上，介绍保存提示词的操作方法。

步骤 01 在“文生图”页面中的“生成”按钮下方，单击“将当前提示词储存为预设样式”按钮，如图 4-6 所示。

步骤 02 执行操作后，弹出相应的信息提示框，在 Style name（样式名称）下面的文本框中输入“古典半身女孩”，如图 4-7 所示，单击“确定”按钮。

图 4-6　单击“将当前提示词储存为预设样式”按钮

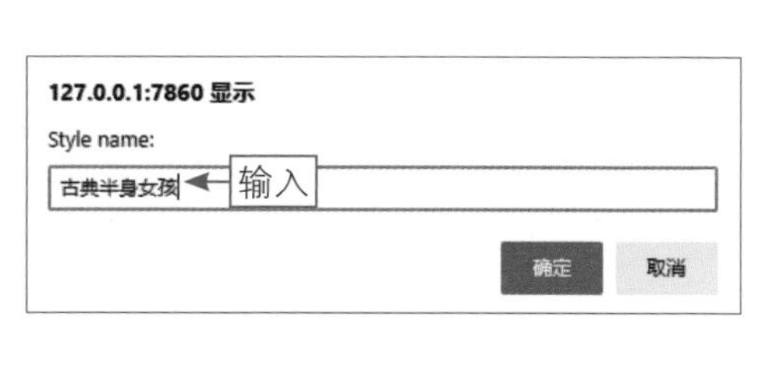

图 4-7　输入相应的样式名称

步骤 03 刷新页面，清空所有提示词并恢复默认的生成参数，在“预设样式”列表框中选择前面创建的预设样式，如图 4-8 所示。

图 4-8　选择前面创建的预设样式

步骤 04 此时我们不需要写任何提示词，直接单击“生成”按钮，Stable Diffusion会自动调用该预设样式中的提示词，并快速生成相应的图像，效果如图4-9所示。

图4-9　通过保存的提示词生成相应的图像

4.1.5　编辑预设的提示词内容

用户可以进入安装Stable Diffusion的根目录下，找到一个名为styles.csv的数据文件，打开该文件后即可编辑预设的提示词内容，如图4-10所示。修改提示词后，单击保存按钮，即可自动同步应用到Stable Diffusion的预设样式中。

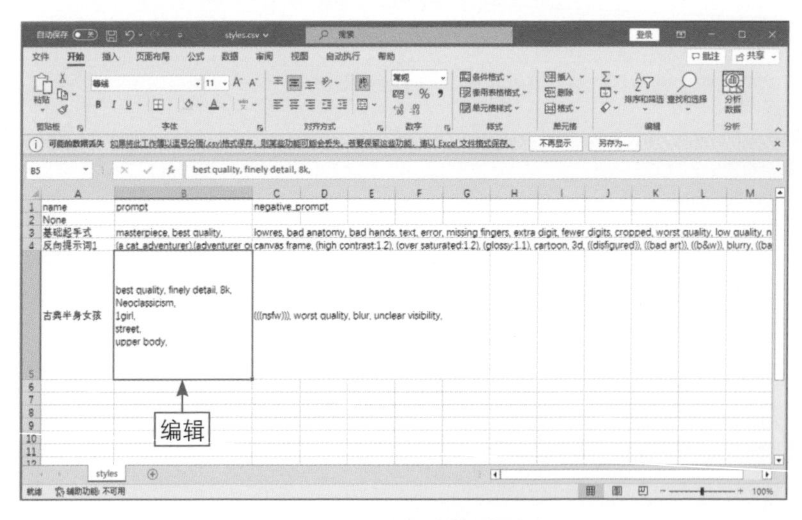

图4-10　编辑预设的提示词内容

4.2　掌握提示词的语法格式

Stable Diffusion 中的提示词可以使用自然语言和用逗号隔开的单词来书写，具有很大的灵活性和可变性，用户可以根据具体需求对提示词进行更复杂的组合和应用。当然，前提是需要使用正确的提示词语法格式，本节将介绍相关的技巧。

4.2.1　提示词权重的增强与减弱

提示词权重（Prompt Weight）用于控制生成图像中相应提示词的影响程度，数值越大，提示词对生成图像的影响越大。

提示词的权重具有先后顺序，越靠前的提示词，影响程度越大。通常，我们会先描述整体画风，再描述局部画面，最后控制光影效果。然而，如果不对提示词中的个别元素进行控制，只是简单地堆砌提示词，权重效果通常并不明显。因此，我们需要使用语法来更加精细地控制图像的输出结果，具体方法有以下两种。

1. 加权：增强提示词权重

使用小括号“()”可以将括号内的提示词权重提升 1.1 倍，同时可以通过嵌套的方式进一步加权。例如，“(blonde hair)”代表提示词“金色头发”提升 1.1 倍权重，“((blonde hair))”则代表该提示词提升 1.1 × 1.1=1.21 倍权重，以此类推。

如果用户觉得小括号太多了比较麻烦，也可以使用“(blonde hair: 1.6)”这样的方式来控制权重，代表该提示词提升 1.6 倍权重。

另外，使用大括号“{}”可以将括号内的提示词权重提升 1.05 倍，同样可以通过嵌套实现复数加权，但与小括号不同，不支持“{blonde hair: 1.5}”这样的写法。在实践中，大括号使用得比较少，小括号则更为常见，因为它调整起来更加方便一些。

2. 降权：减弱提示词权重

使用中括号“[]”可以将括号内的元素权重除以 1.1，相当于降低约 0.9 的权重。降权的语法同样支持多层嵌套，但与大括号类似，也不支持“[blonde hair: 0.8]”这样的写法。在实践中，如果想方便调整提示词，使用小括号内加数字的形式会更便捷。

4.2.2　提示词的混合语法格式

Stable Diffusion 提示词的混合语法是指将不同的提示词以特定的方式组合在

一起，以实现更复杂的图像效果。混合语法的格式为“A AND B”，即用 AND 将提示词 A 和 B 连接起来，注意 AND 必须为大写。

另外，用户也可以使用“|”符号来代替 AND，表示逻辑或操作，即两个元素会交替出现，达到融合的效果。

例如，要实现黄色头发和绿色头发的渐变效果，可以写成“yellow hair | green hair”或“yellow hair AND green hair”。Stable Diffusion 在处理这两个 tag 时，会按照画一步黄色头发，再画一步绿色头发的方式循环绘画。

★ 专 家 提 醒 ★

混合语法也支持加权，如“(yellow hair: 1.3) | (green hair:1.2)”，其中竖杠符号表示元素融合，无须考虑两个元素之间的权重之和是否等于 100%。

4.2.3 【实战】：生成黄绿混合的人物发色

下面用提示词的混合语法来生成黄绿混合的人物发色效果，具体操作方法如下。

扫码看教学视频

步骤 01 进入“文生图”页面，输入相应的正向提示词，使用混合语法来控制人物的头发颜色，如图 4-11 所示。

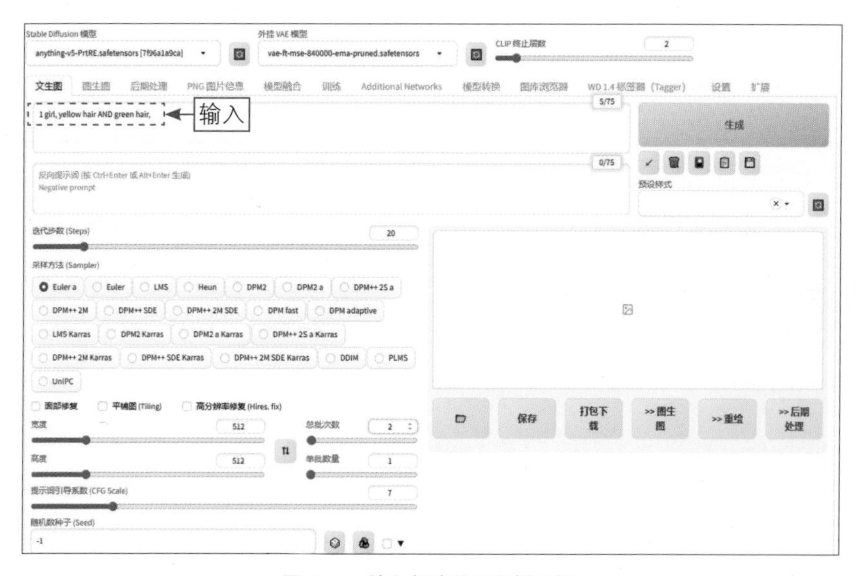

图 4-11　输入相应的正向提示词

步骤 02 对生成参数进行适当调整，单击“生成”按钮，即可生成黄色和绿色混合的人物发色效果，如图 4-12 所示。

图 4-12　生成黄色和绿色混合的人物发色效果

步骤 03 如果我们想要黄色更多一些，绿色更少一些，可以给相应提示词加权重，对提示词进行修改，如图 4-13 所示。

步骤 04 再次单击“生成”按钮，生成相应的图像，可以看到头发中的黄色变得更明显，而绿色则相对少了一些，效果如图 4-14 所示。

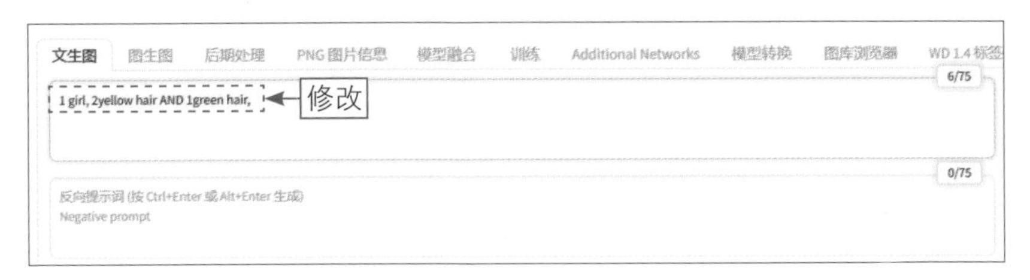

图 4-13　修改提示词

图 4-14　改变黄色和绿色头发比例的效果

4.2.4 渐变语法的 3 种常用格式

渐变语法使用“:”符号，可以按照指定的权重融合两个元素，常用的书写格式有以下 3 种。

❶ 第 1 种格式为“[from:to:when]”。例如，提示词为“[yellow:green:0.6] hair”，表示前面 60% 的步骤画黄色，后面 40% 的步骤画绿色，这样生成的结果应该是黄绿渐变的发色，效果如图 4-15 所示。

图 4-15　黄绿渐变的发色效果

❷ 第 2 种格式为“[to:when]”。例如，提示词为“[yellow hair:0.2]”，表示在后面 20% 的步骤画黄色头发，前面 70% 的步骤中不画。

❸ 第 3 种格式为“[from::when]”。例如，提示词为“[yellow hair::0.2]”，表示前面 20% 的步骤画黄色头发，后面 80% 的步骤中不画。

★ 专 家 提 醒 ★

当 when 小于 1 的时候，表示迭代步数（参与总步骤数）的百分比；当 when 大于 1 的时候，则表示在前多少步时作为 A 渲染，之后则作为 B 渲染。需要注意的是，建议将提示词的权重总和设置为 100%，如果超过 100%，可能会出现 AI 失控的现象。

4.2.5 【实战】：生成猫和狗的混合生物

扫码看教学视频

用户可以在多个提示词中间加竖杠符号“|”，实现提示词的交替验算。例如，采用这种提示词语法格式可以生成猫和狗的混合生物，具体操作方法如下。

步骤 01 进入“文生图”页面，选择一个写实类的大模型，输入相应的正向提示词，表示使用交替验算语法来循环画两个提示词描述的内容，如图 4-16 所示。

图 4-16　输入相应的正向提示词

步骤 02 对生成参数进行适当的调整，单击“生成”按钮，即可生成猫和狗的混合生物，效果如图 4-17 所示。

图 4-17　生成猫和狗的混合生物效果

【技巧总结】：快速调整提示词权重的方法

在提示词输入框中，使用鼠标框选相应的提示词，按住【Ctrl】键的同时，按【↑】或【↓】方向键，可以快速增加或减弱该提示词的权重，如图 4-18 所示。

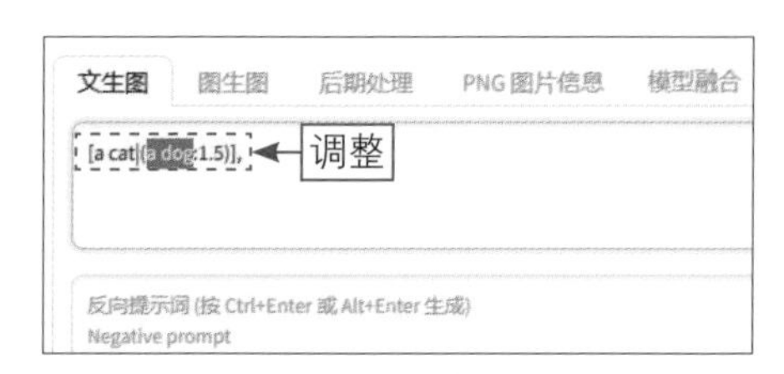

图 4-18　快速调整提示词权重

4.2.6　【实战】：使用提示词矩阵

扫码看教学视频

在某些情况下，一些模型在利用某些特定提示词时表现非常出色，然而在更换模型后，这些提示词可能就无法再使用了。有时，删除某些看似无用的提示词后，图像的呈现效果会变得异常，但又不清楚具体是哪些方面受到了影响。

这时，我们就可以使用提示词矩阵（Prompt matrix）来深入探究其原因。Prompt matrix 的使用方式与之前介绍的 *X/Y/Z* 图表类似，都可以生成一系列图表，但它们的设置方式有很大的不同。

提示词矩阵用于比较不同提示词交替使用时对于绘制图片的影响，多个提示词以“|”符号作为分割点。下面介绍使用提示词矩阵的操作方法。

步骤 01 进入“文生图”页面，输入相应的正向提示词生成一张图片，复制其 Seed 值并固定随机数种子，如图 4-19 所示。

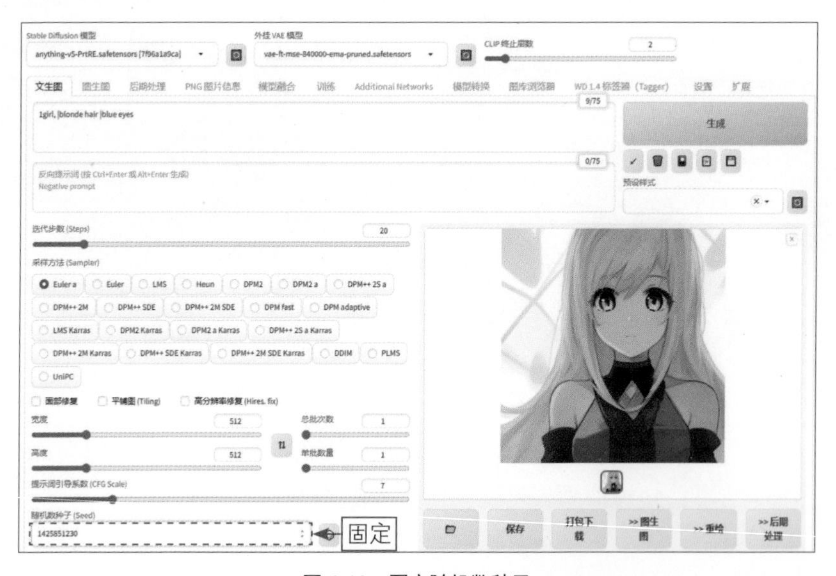

图 4-19　固定随机数种子

步骤 02 在页面下方的“脚本”下拉列表中选择“提示词矩阵”选项，如图 4-20 所示，启用该功能。

图 4-20　选择“提示词矩阵”选项

步骤 03 单击“生成”按钮，即可生成提示词矩阵对比图，效果如图 4-21 所示，可以看到不同提示词组合生成的图像效果对比，从而快速找到最佳的提示词组合。

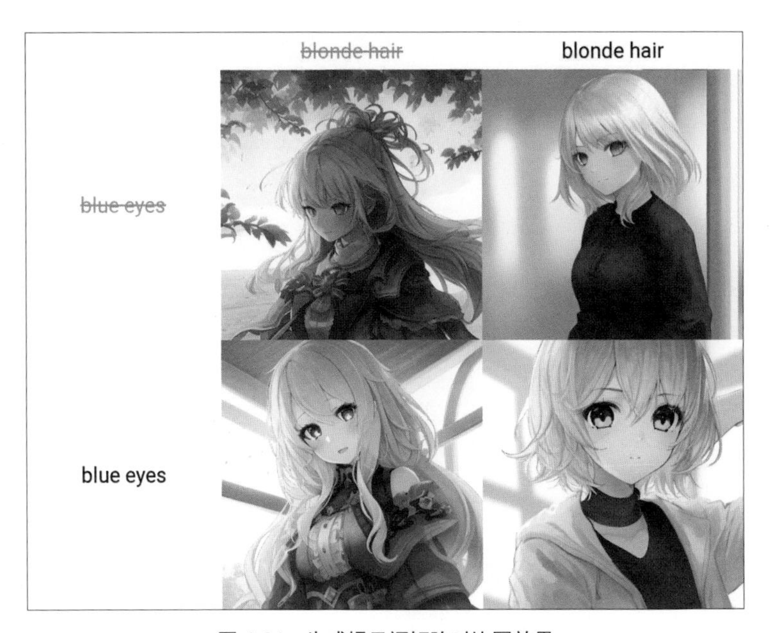

图 4-21　生成提示词矩阵对比图效果

【技巧总结】：提示词矩阵的作用

在提示词矩阵中，最前面的提示词会被用在每一张图上，而后面被“|”符号分割的两个提示词，则会被当成矩阵提示词，交错添加在最终生成的图上。

第 1 行第 1 列的图，就是没加额外提示词的生成效果；第 1 行第 2 列的图，是添加了“blonde hair（金发）”这个提示词的生成效果；第 2 行第 1 列的图，是添加了"blue eyes（蓝色眼睛）"这个提示词的生成效果；第 2 行第 2 列的图，就是同时添加了全部提示词的生成效果。这样用户就能很清楚地看到，各种提示词交互叠加起来的生成效果。

4.3 掌握提示词的反推技巧

在进行 AI 绘画的过程中，我们常常会遇到这种情况：看到其他人创作了一张令人惊叹的图片，但无论我们如何按照他提供的 Prompt 和选择的模型进行尝试，都无法成功复现图片。有时候，甚至图片中没有提供任何 Prompt，让我们难以使用合适的提示词来描述该画面。

在面对这种情况时，我们可以反推这张图片的提示词。反推提示词是 Stable Diffusion 图生图中的功能之一。图生图的基本逻辑是通过上传的图片，反推提示词或自主输入提示词，基于所选的 Stable Diffusion 模型生成相似风格的图片。本节将介绍提示词的反推技巧，帮助大家做出相似风格的图片效果。

4.3.1 【实战】：使用 CLIP 反推提示词

扫码看教学视频

CLIP 反推提示词是指根据用户在图生图中上传的图片，使用自然语言描述图片信息，具体操作方法如下。

步骤 01 进入"图生图"页面，上传一张原图，单击"CLIP 反推提示词"按钮，如图 4-22 所示。

图 4-22 单击"CLIP 反推提示词"按钮

步骤 02 稍等片刻（时间较长），即可在正向提示词输入框中反推出原图的提示词。我们可以将提示词复制到“文生图”页面的提示词输入框中，单击“生成”按钮后，可以看到根据提示词生成的图像基本符合原图的各种元素，但由于模型和生成参数设置的差异，图片还是会有所不同，效果如图 4-23 所示。

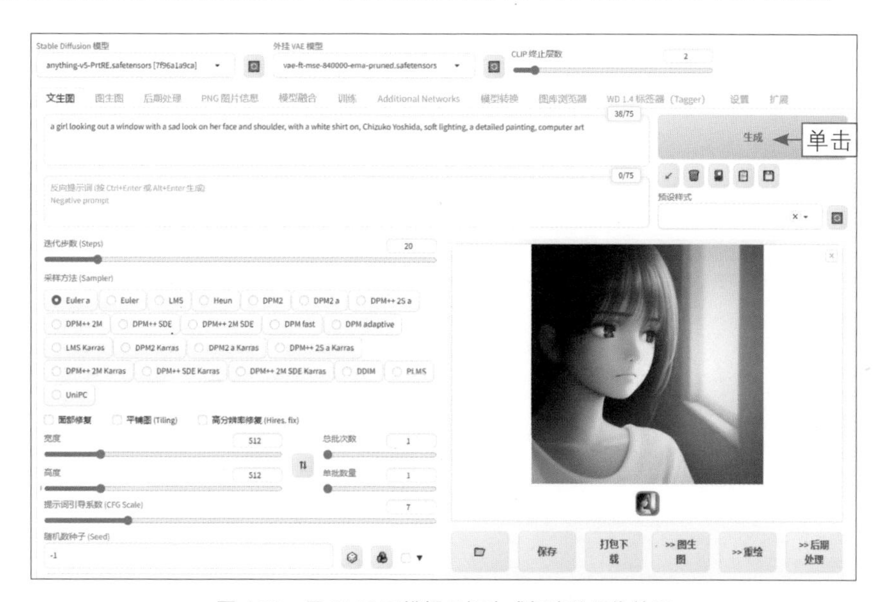

图 4-23 用 CLIP 反推提示词生成相应的图像效果

图 4-24 所示为原图和反推提示词生成的新图效果对比。整体来看，CLIP 喜欢反推自然语言风格的长句子提示词，这种提示词对 AI 的控制力度比较差，但是大体的画面内容还是基本一致的，只是风格变化较大。

图 4-24 原图与反推提示词生成的图像效果对比

4.3.2 【实战】：使用 DeepBooru 反推提示词

使用 DeepBooru 反推提示词，更擅长用单词堆砌的方式，反推的提示词相对更完整一些，但出图效果有待优化。下面仍然使用上一例的素材进行操作，对比 DeepBooru 与 CLIP 两者的区别，具体操作方法如下。

步骤 01 进入“图生图”页面，上传一张原图，单击“DeepBooru 反推提示词”按钮，反推出原图的提示词，可以看到风格跟我们平时用的提示词相似，都是使用关键词的形式进行展示，如图 4-25 所示。

图 4-25　使用 DeepBooru 反推提示词

步骤 02 将反推的提示词复制到“文生图”页面的提示词输入框中，单击“生成”按钮后，根据提示词生成的图像虽然画面元素很完整，但由于构图的变化，加上没有使用正确的模型和生成参数，画面出现了比较严重的变形，效果如图 4-26 所示。

图 4-26　用 DeepBooru 反推提示词生成的图像效果

4.3.3　【实战】：使用 Tagger 反推提示词

扫码看教学视频

WD 1.4 标签器（Tagger）是一款优秀的反推插件，其反摔推精准度比 DeepBooru 高。下面仍然使用 4.3.1 小节的素材进行操作，对比 Tagger 与前面两种提示词反推工具的区别，具体操作方法如下。

步骤 01 进入“WD 1.4 标签器”页面，上传一张原图，Tagger 会自动反推提示词，并显示在右侧的“标签”文本框中，同时还会对提示词进行分析，单击“发送到文生图”按钮，如图 4-27 所示。

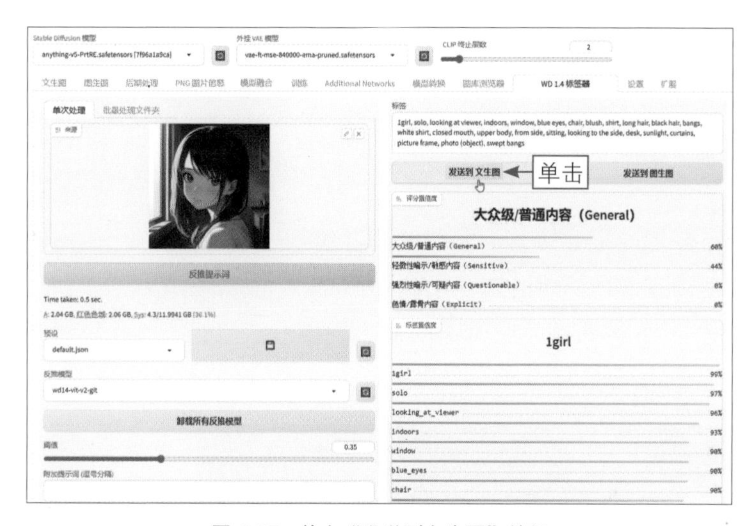

图 4-27　单击“发送到文生图”按钮

步骤 02 进入“文生图”页面，会自动填入反推出来的提示词，直接单击“生成”按钮，即可生成相应的图像，整体效果优于前面两种反推工具，如图 4-28 所示。

图 4-28　用 Tagger 反推提示词生成的图像效果

本章小结

本章主要向读者介绍了 Stable Diffusion 提示词的基本知识，具体内容包括掌握提示词的基本用法，如提示词的 5 大书写公式、输入正向提示词、输入反向提示词、保存提示词、编辑预设的提示词内容；掌握提示词的语法格式，如提示词权重的增强与减弱、提示词的混合语法格式、渐变语法的 3 种常用格式、使用提示词矩阵等；掌握提示词的反推技巧，如使用 CLIP 反推提示词、使用 DeepBooru 反推提示词、使用 Tagger 反推提示词等。通过对本章的学习，读者能够更好地掌握 Stable Diffusion 中的提示词语法格式和书写技巧。

课后习题

鉴于本章知识的重要性，为了帮助读者更好地掌握所学知识，本节将通过课后习题，帮助读者进行简单的知识回顾和补充。

1. 在 Stable Diffusion 中通过正向提示词生成一张狮子头像，效果如图 4-29 所示。

扫码看教学视频

图 4-29　狮子头像

2. 使用 Stable Diffusion 的交替验算提示语法格式，生成一种狮子与老虎混合的卡通形象图片，效果如图 4-30 所示。

扫码看教学视频

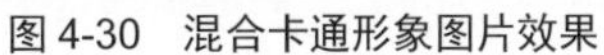

图 4-30　混合卡通形象图片效果

第5章

8个模型使用技巧，快速提高作品精美度

使用Stable Diffusion进行AI绘画时，我们可以通过选择不同的模型、填写提示词和设置参数来生成自己想要的图像。本节主要介绍Stable Diffusion中的模型使用技巧，模型可以说是Stable Diffusion绘图的基础，有好的模型才有可能绘制出精美的图像效果。

5.1 掌握模型的基础知识

很多人安装好Stable Diffusion后，就会迫不及待地从网上复制一个提示词去生成图像，但发现结果跟别人的完全不一样，其实关键就在于选择的模型不正确。模型是Stable Diffusion出图时非常依赖的一个东西，出图的质量跟模型有着直接的关系。本节将介绍模型的基础知识，帮助大家快速下载与安装各种模型。

5.1.1 认识Stable Diffusion中的大模型

Stable Diffusion中的大模型是指那些经过训练以生成高质量、多样性和创新性图像的深度学习模型，这些模型通常由大型训练数据集和复杂的网络结构组成，能够生成与输入图像相关的各种风格和类型的图像。

图5-1所示为“Stable Diffusion模型”下拉列表，其中显示的是用户计算机中已经安装好的大模型，用户可以在该下拉列表中选择想要使用的大模型。

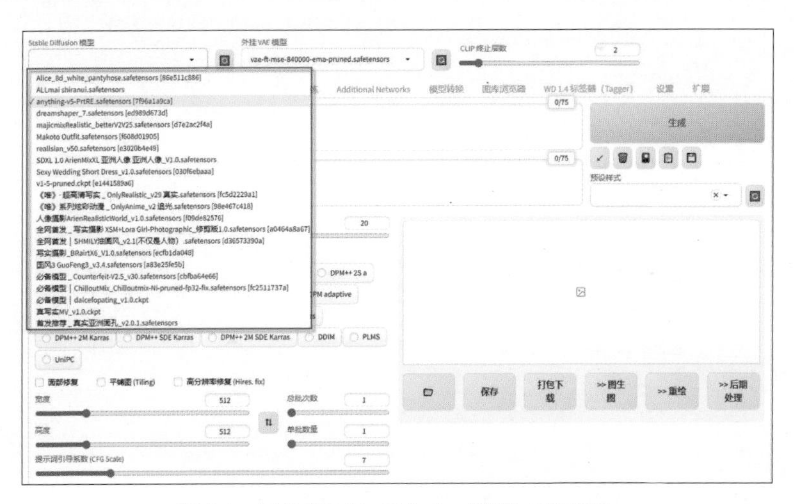

图5-1　打开“Stable Diffusion模型”下拉列表

大模型在Stable Diffusion中起着至关重要的作用，通过结合大模型的生成能力，可以生成各种各样的图像。这些大模型还可以通过反推提示词的方式来实现图生图的功能，使得用户可以通过上传图片或输入提示词来生成相似风格的图像。

5.1.2 【实战】：一键下载并安装大模型

扫码看教学视频

通常情况下，我们安装完Stable Diffusion之后，其中只有一个名为anything-v5-PrtRE.safetensors [7f96a1a9ca]的大模型，这个大模型

主要用于绘制二次元风格的图像。如果想让 Stable Diffusion 画出更多的图像类型，则需要给它安装更多的大模型。大模型又称为 chekpoint，文件扩展名通常为 .safetensors 或 .ckpt，同时它的文件大小较大，一般在 3GB ～ 5GB。下面介绍一键下载并安装大模型的操作方法。

步骤 01 打开绘世启动器程序，在主界面左侧单击“模型管理”按钮，进入其界面，默认进入“Stable Diffusion 模型”选项卡，下面的列表中显示的都是大模型，选择相应的大模型后，单击“下载”按钮，如图 5-2 所示。

图 5-2　单击“下载”按钮

步骤 02 执行操作后，在弹出的命令行窗口中，根据提示按【Enter】键确认，即可自动下载相应的大模型，底部会显示下载进度和速度，如图 5-3 所示。

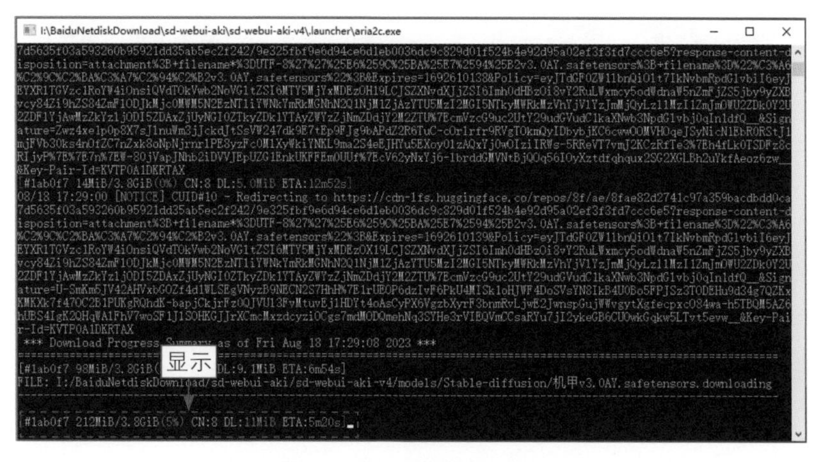

图 5-3　显示下载进度和速度

步骤 03 大模型下载完成后，在“Stable Diffusion 模型”下拉列表框的右侧单击“刷新”按钮，即可看到安装好的大模型，如图 5-4 所示。

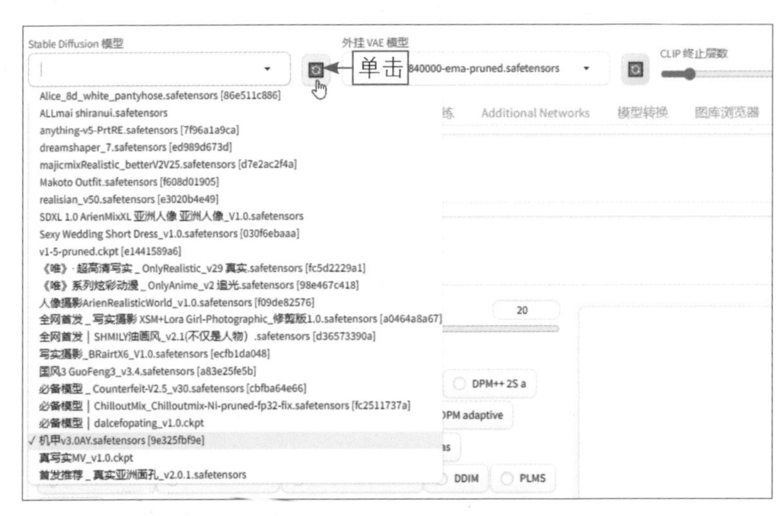

图 5-4　查看安装好的大模型

5.1.3　手动下载与安装模型

除了通过绘世启动器下载大模型或其他模型，用户还可以去 CIVITAI、LiblibAI 等模型网站下载更多的模型。以 LiblibAI 网站为例，在“模型广场”页面中，我们可以根据缩略图来选择相应的模型，如图 5-5 所示。

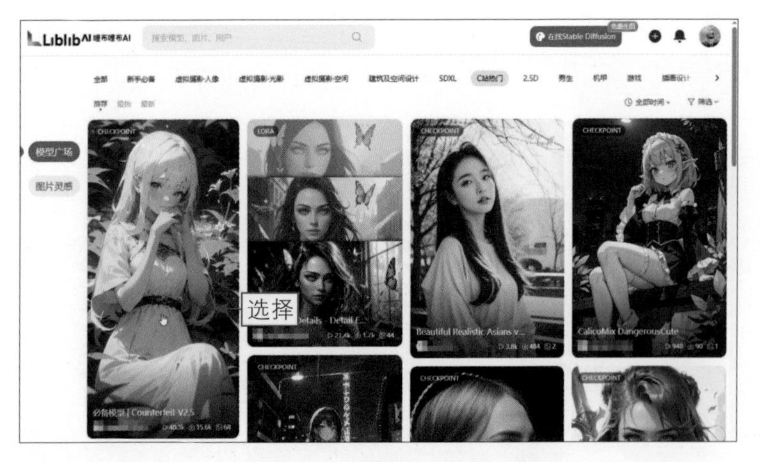

图 5-5　选择相应的模型

执行操作后，进入该模型的详情页面，单击页面右侧的“下载模型”按钮，如图 5-6 所示，即可下载所选的模型。

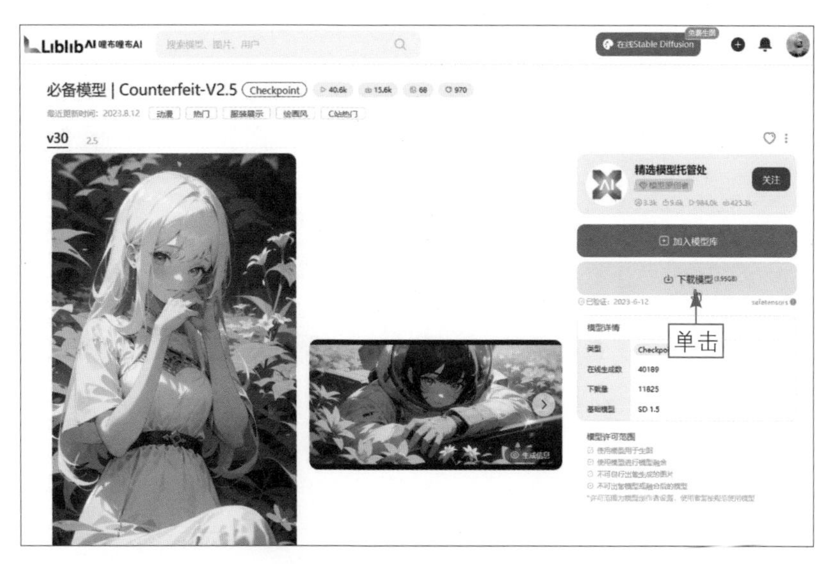

图 5-6　单击“下载模型”按钮

下载好模型后，我们还需要将其放到对应的文件夹中，才能让 Stable Diffusion 识别到这些模型。将大模型放在 sd-webui-aki\sd-webui-aki-v4\models\Stable-diffusion 文件夹中，如图 5-7 所示。Lora 模型则在 sd-webui-aki\sd-webui-aki-v4\models\Lora 文件夹中，如图 5-8 所示。

图 5-7　大模型存放位置

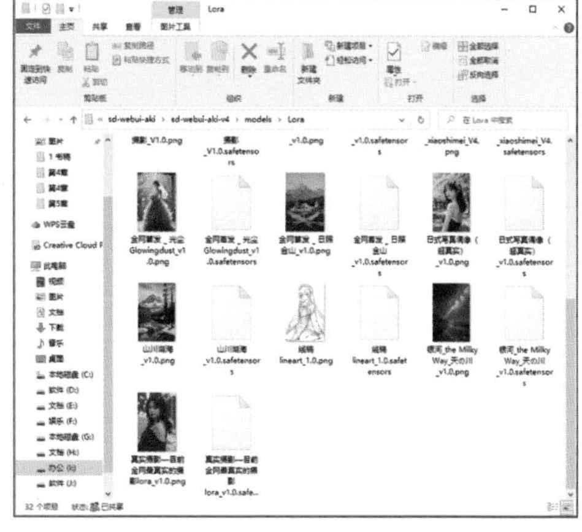

图 5-8　Lora 模型存放位置

【技巧总结】：在 Stable Diffusion 中显示模型效果缩略图

用户可以在对应模型的文件夹中放一张该模型生成的效果图，然后将图片名称与模型名称设置为一致，这样在 Stable Diffusion 的模型菜单中即可看到对应的缩略图，如图 5-9 所示，便于用户更好地选择模型。

图 5-9　在 Stable Diffusion 中显示模型效果缩略图

5.1.4　【实战】：切换大模型

扫码看教学视频

Stable Diffusion 生成的图像质量好不好，归根结底就是看大模型好不好，因此我们要选择合适的大模型去绘图。下面介绍切换大模型的操作方法。

步骤 01 进入 Stable Diffusion 的“文生图”页面，默认的大模型为 anything-v5-PrtRE.safetensors [7f96a1a9ca]，输入相应的提示词，如图 5-10 所示。

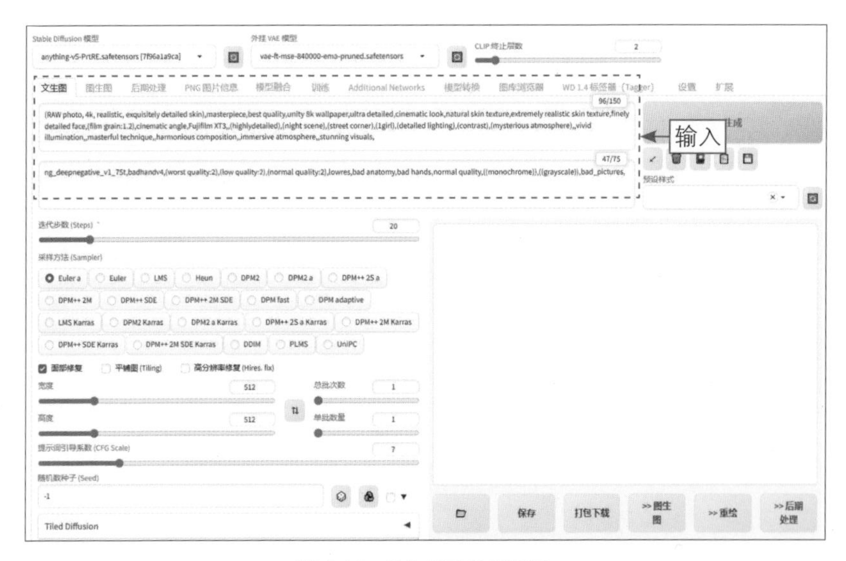

图 5-10　输入相应的提示词

步骤 02 对生成参数进行适当的调整，单击“生成”按钮，即可生成与提示词描述相对应的图像，但画面偏二次元风格，效果如图 5-11 所示。

图 5-11　画面偏二次元风格的效果

步骤 03 选择相应的采样方法，在“Stable Diffusion 模型”下拉列表中选择一个写实类的大模型，如图 5-12 所示。注意，切换大模型需要等待一定的时间，用户可以进入“控制台”窗口中查看大模型的加载时间，加载完成后大模型才能生效。

图 5-12　选择一个写实类的大模型

步骤 04 大模型加载完成后，单击“生成”按钮，即可生成写实摄影风格的图像，效果如图 5-13 所示。即使是完全相同的提示词，选择的大模型不一样，生成的图像效果也完全不一样。

图 5-13　生成写实摄影风格的图像效果

5.1.5　【实战】：使用外挂 VAE 模型

扫码看教学视频

Stable Diffusion 中的外挂 VAE 模型（Variational Auto-Encoder）是一种变分自编码器，它通过学习潜在表征来重建输入数据。在 Stable Diffusion 中，外挂 VAE 模型用于将图像编码为潜在向量，并从该向量解码图像以进行图像修复或微调。下面介绍使用外挂 VAE 模型的操作方法。

步骤 01 进入“文生图”页面，输入相应的提示词，其他设置如图 5-14 所示。

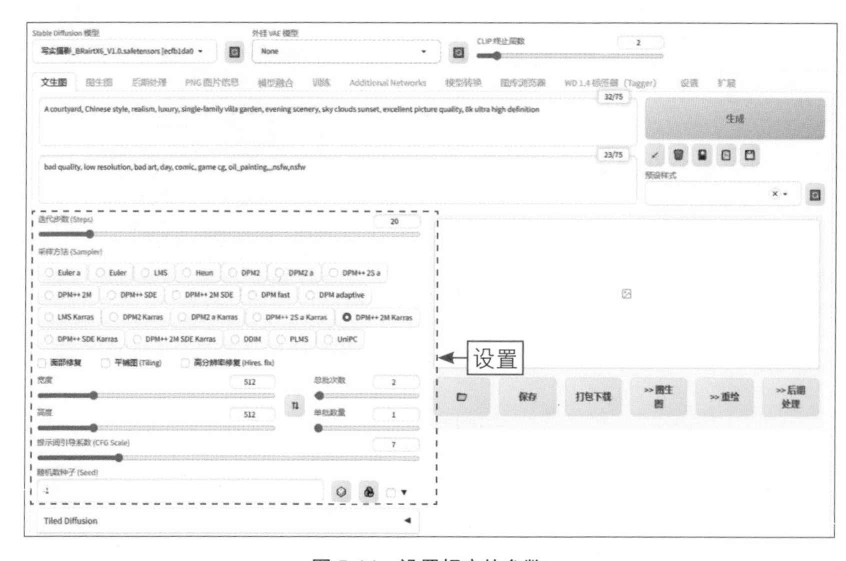

图 5-14　设置相应的参数

步骤 02 单击“生成”按钮，即可生成相应的图像，这是没有使用外挂 VAE 模型的效果，色彩比较平淡，如图 5-15 所示。

图 5-15　没有使用外挂 VAE 模型的效果

步骤 03 在“外挂 VAE 模型”下拉列表中选择相应的 VAE 模型，如图 5-16 所示。

图 5-16　选择相应的 VAE 模型

步骤 04 单击“生成”按钮，即可生成相应的图像。使用外挂 VAE 模型生成的图像，画面就像加了调色滤镜一样，看上去不会灰蒙蒙的，整体的色彩饱和度更高，效果如图 5-17 所示。

【知识扩展】：了解 VAE 模型的原理

VAE 模型由一个编码器和一个解码器组成，常用于 AI 图像生成，它也出现在潜在扩散模型中。编码器用于将图片转换为低维度的潜在表征（latents），然后该潜在表征作为 U-Net 模型的输入；相反，解码器则用于将潜在表征重新转换回图片的形式。

在潜在扩散模型的训练过程中，编码器用于获取图片训练集的潜在表征，这些潜在表征用于前向扩散过程，每一步都会往潜在表征中增加更多噪声。

在推理生成时，由反向扩散过程生成的 denoised latents（经过去噪处理的潜在表征）被 VAE 的解码器部分转换回图像格式。因此，在潜在扩散模型的推理生成过程中，我们只需使用 VAE 的解码器部分。

图 5-17　使用外挂 VAE 模型的效果

5.2　掌握 Lora 模型的使用技巧

Lora 的全称为 Low-Rank Adaptation of Large Language Models，Lora 取的就是 Low-Rank Adaptation 这几个单词的开头，即大型语言模型的低阶适应。

Lora 最初应用于大语言模型，因为直接对大模型进行微调，不仅成本高，而且速度慢，再加上大模型的体积庞大，因此性价比很低。Lora 通过冻结原始大语言模型，并在外部创建一个小型插件来进行微调，从而避免了直接修改原始大模型。这种方法既便宜又快，而且插件式的特点使得它非常易于使用。

后来人们发现，Lora 在绘画大模型上表现非常出色，固定画风或人物的能力非常强大。因此，Lora 的应用范围逐渐扩大，并迅速成为一种流行的 AI 绘画技术。本节将介绍 Stable Diffusion 中的 Lora 模型使用技巧。

5.2.1　【实战】：使用 Lora 模型

扫码看教学视频

只要是图片上的特征，Lora 都可以提取并训练，其作用包括对人物的脸部特征进行复刻、生成某一特定风格的图像、固定动作特征等。

Lora 模型的数量非常多，可谓百花齐放。以 LiblibAI 网站为例，在“模型广场”页面中的模型效果缩略图上，在左上角可以看到一个 LORA 字样，那么这个模型就是 Lora 模型。用户也可以在“筛选”列表中单击 LORA 标签，如图 5-18 所示。

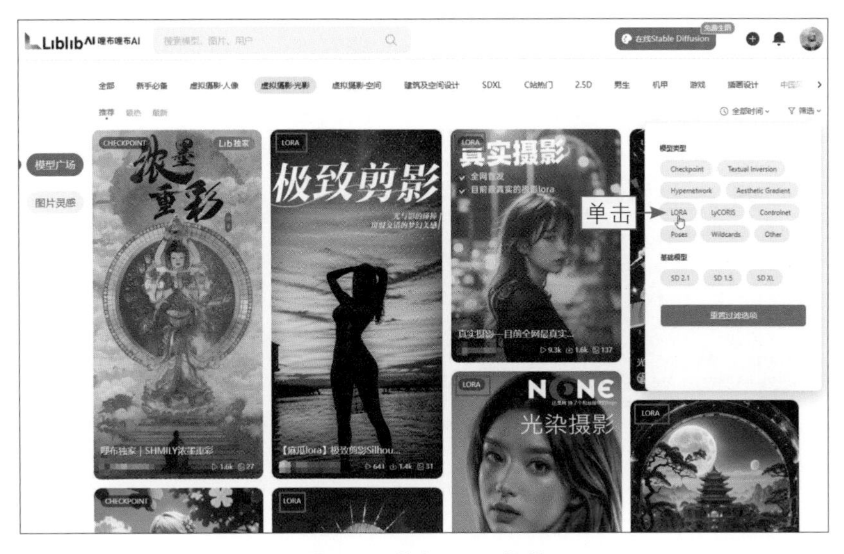

图 5-18　单击 LORA 标签

执行操作后，即可筛选出全部 Lora 模型，在其中选择一个自己喜欢的 Lora 模型，如图 5-19 所示。

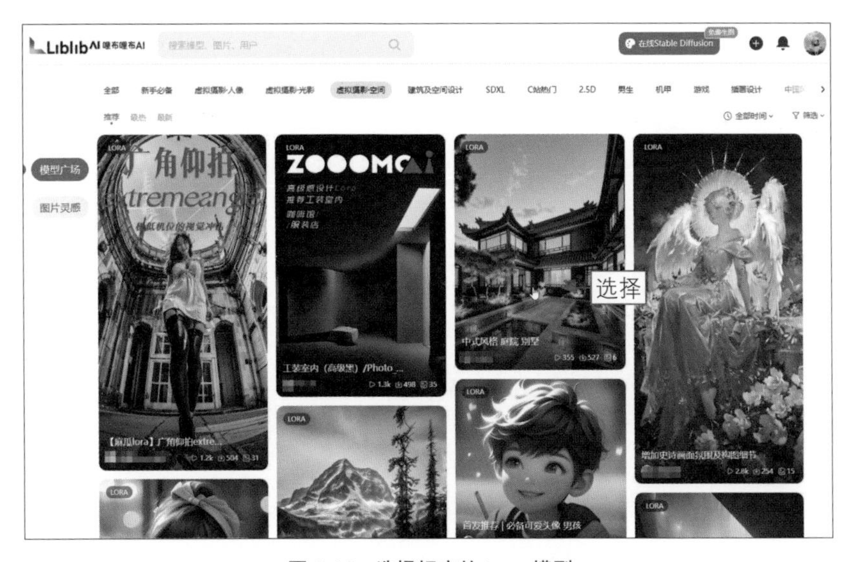

图 5-19　选择相应的 Lora 模型

执行操作后，进入该Lora模型的详情页面，单击页面右侧的“下载模型”按钮，如图 5-20 所示，即可下载所选的 Lora 模型。

图 5-20　单击“下载模型”按钮

下载好 Lora 模型后，将其放入 sd-webui-aki\sd-webui-aki-v4\models\Lora 文件夹中，同时将模型的效果图放在该文件夹，如图 5-21 所示。

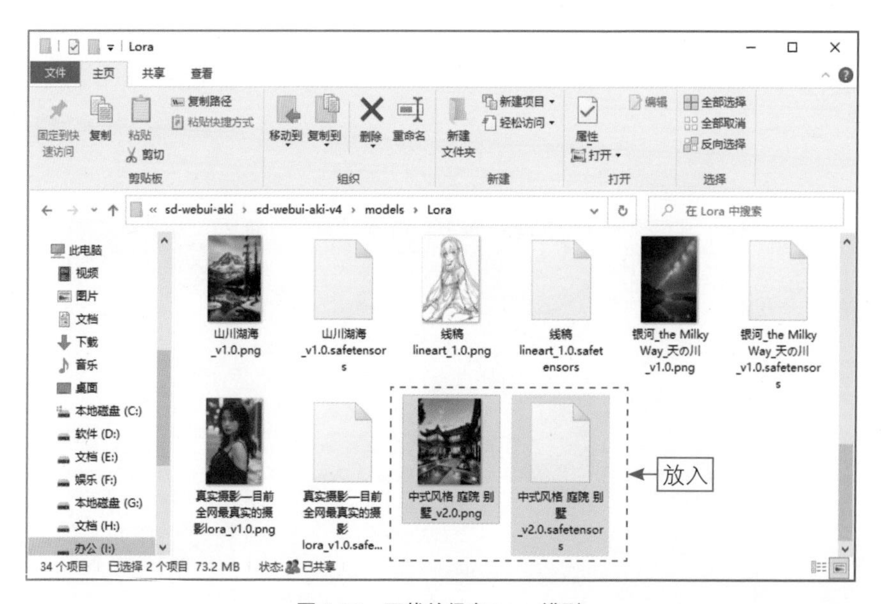

图 5-21　下载并保存 Lora 模型

安装好 Lora 模型后，即可在 Stable Diffusion 中调用该 Lora 模型来生成图像，具体操作方法如下。

步骤 01 进入“文生图”页面，输入相应的提示词，其他设置如图 5-22 所示。

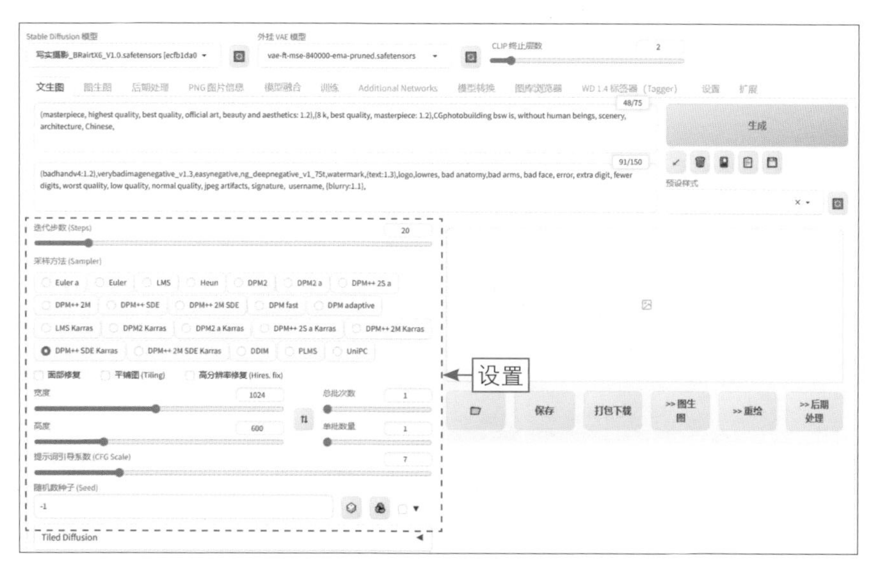

图 5-22　设置相应的参数

步骤 02 单击“生成”按钮，即可生成相应的图像。这是没有使用 Lora 模型的效果，画面比较一般，不太符合提示词的描述，如图 5-23 所示。

图 5-23　没有使用 Lora 模型的效果

步骤 03 在“生成”按钮的下方，单击“显示 / 隐藏扩展模型”按钮，显示扩展模型，单击 Lora 标签切换至相应的选项卡，单击“刷新”按钮，如图 5-24 所示。

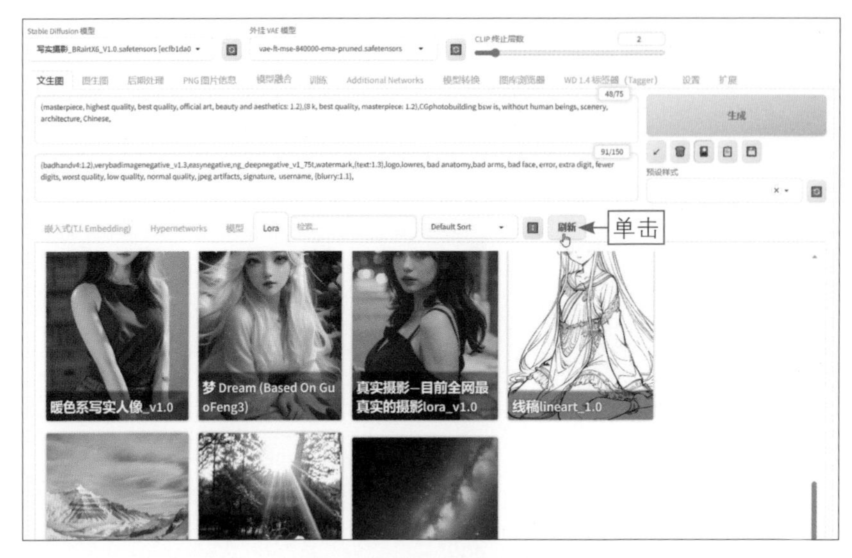

图 5-24　单击“刷新”按钮

步骤 04 执行操作后，即可显示新安装的 Lora 模型。先添加相应的 Lora 模型触发词，然后选择该 Lora 模型，即可将其添加到正向提示词输入框中，如图 5-25 所示。这里需要注意的是，有触发词的 Lora 模型一定要使用触发词，这样才能将相应的元素触发出来。

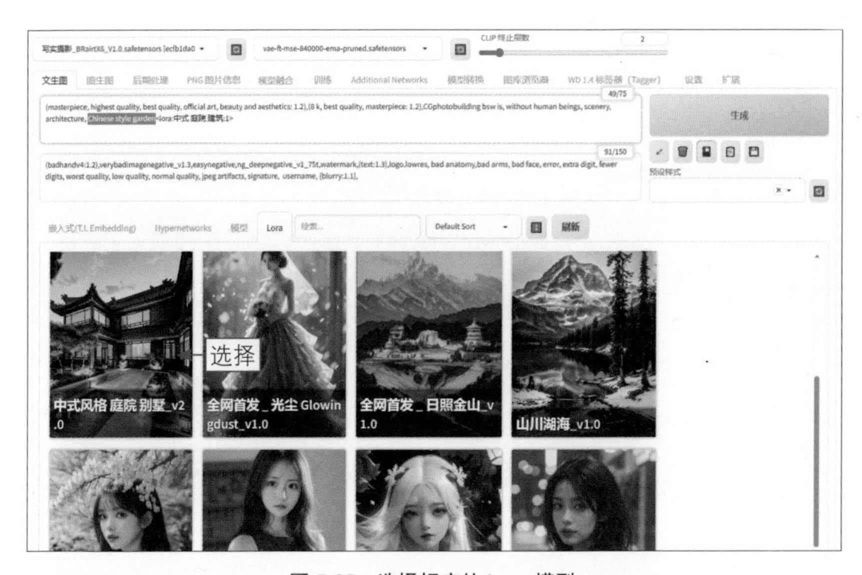

图 5-25　选择相应的 Lora 模型

步骤 05 再次单击“生成”按钮，即可生成相应的图像。这是使用 Lora 模型后的效果，更能体现古典建筑的设计风格，如图 5-26 所示。

图 5-26　使用 Lora 模型后的效果

5.2.2　Lora 模型的权重设置技巧

在 Lora 模型的提示词中，可以对其权重进行设置，具体可以查看每款 Lora 模型的介绍，如图 5-27 所示。

图 5-27　Lora 模型介绍中的建议权重说明

需要注意的是，Lora 模型的权重值不要超过 1，否则容易生成效果很差的图。权重值最好设置为 0.8 或 0.9，能够提高出图质量。如果只想带一点点 Lora 模型的元素，则将权重值设置为 0.4 ～ 0.6 即可。

5.2.3 【实战】：混用不同的 Lora 模型

扫码看教学视频

混用不同的 Lora 模型时要注意，不同的 Lora 模型对不同大模型的干扰程度不一样，需要用户自行测试。下面介绍混用不同的 Lora 模型的操作方法。

步骤 01 进入"文生图"页面，输入相应的提示词并添加合适的 Lora 模型参数，其他设置如图 5-28 所示。

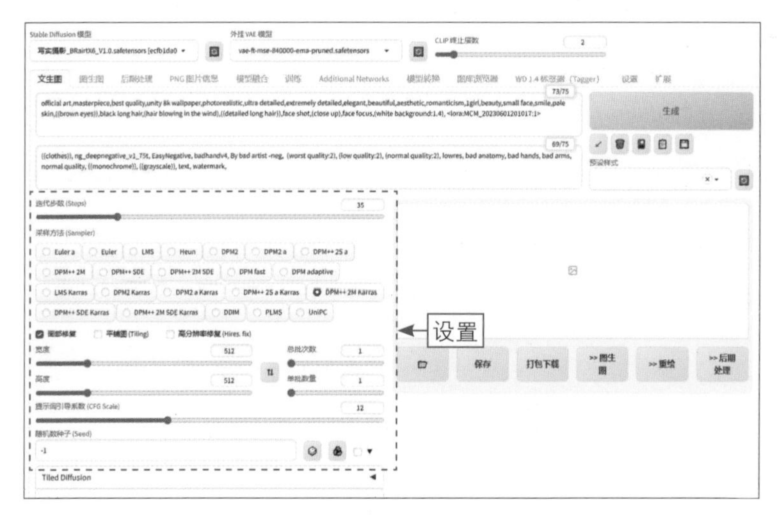

图 5-28 设置相应的 Lora 模型参数

步骤 02 在 Lora 选项卡中再选择一个 Lora 模型，添加两个不同的 Lora 模型参数，并调整其权重，如图 5-29 所示。注意，两个 Lora 模型的权重值相加后不能超过 1。

图 5-29 添加 Lora 模型参数并调整权重

步骤 03 多次单击“生成”按钮，生成相应的图像，可以看到图像不仅带有人像写真的风格，同时还带有一点暖色调效果，如图 5-30 所示。

图 5-30　生成相应的图像效果

【技巧总结】：调整 Lora 模型的缩略图大小

如果用户觉得 Lora 模型的缩略图太大，影响操作，可以进入“设置”页面，切换至“扩展模型”选项卡，设置相应的“额外网络的卡片宽度”“额外网络的卡片高度”“卡片文本比例”等参数，如图 5-31 所示，即可调整 Lora 模型的缩略图大小。

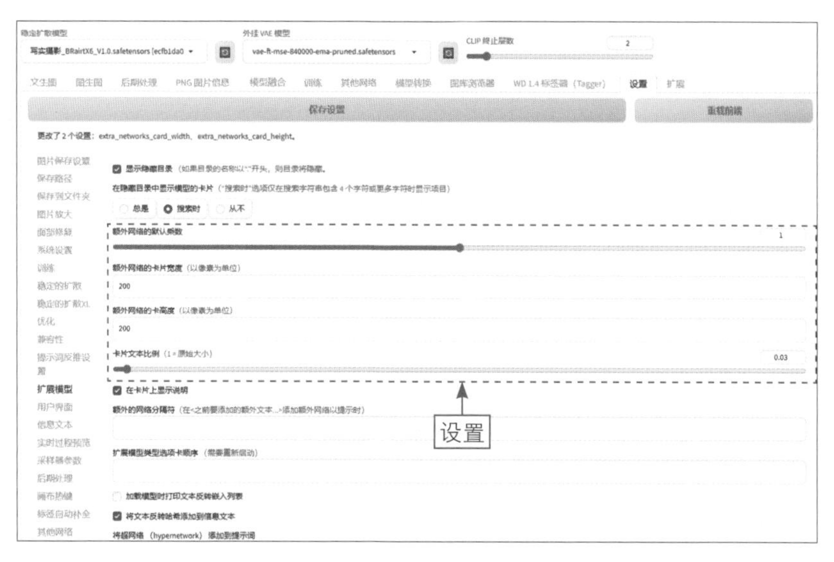

图 5-31　设置 Lora 模型的缩略图大小参数

本章小结

本章主要向读者介绍了 Stable Diffusion 模型的相关知识，具体内容包括认识 Stable Diffusion 中的大模型、一键下载并安装大模型、手动下载与安装模型、切换大模型、使用外挂 VAE 模型、使用 Lora 模型、Lora 模型的权重设置技巧、混用不同的 Lora 模型等。通过对本章的学习，读者能够更好地掌握 Stable Diffusion 模型的使用技巧。

课后习题

鉴于本章知识的重要性，为了帮助读者更好地掌握所学知识，本节将通过课后习题，帮助读者进行简单的知识回顾和补充。

1. 使用二次元风格的大模型生成一张图片，效果如图 5-32 所示。

扫码看教学视频

图 5-32　二次元风格的图片效果

2. 使用真实摄影类风格的 Lora 模型生成一张图片，效果如图 5-33 所示。

扫码看教学视频

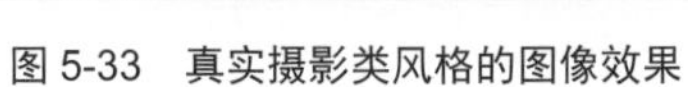

图 5-33　真实摄影类风格的图像效果

第 6 章

10 个高级处理功能，让你的图像更加完美

Stable Diffusion是一种先进的AI图像处理工具，它可以通过一系列复杂的处理过程，将普通的图像转化为充满艺术感和细节丰富的作品。本章将介绍10个Stable Diffusion的高级处理功能，这些功能将有助于用户进一步优化和提升图像的质量，使生成的图像效果更加完美。

6.1 掌握 Stable Diffusion 的后期处理功能

在 Stable Diffusion 的“后期处理”页面中，主要包括“单张图片”“批量处理”“批量处理文件夹”3 个选项卡，利用这 3 个选项卡中的参数这些功能可以快速缩放和修复图像，本节将介绍具体的操作方法。

6.1.1 【实战】：放大图像

扫码看教学视频

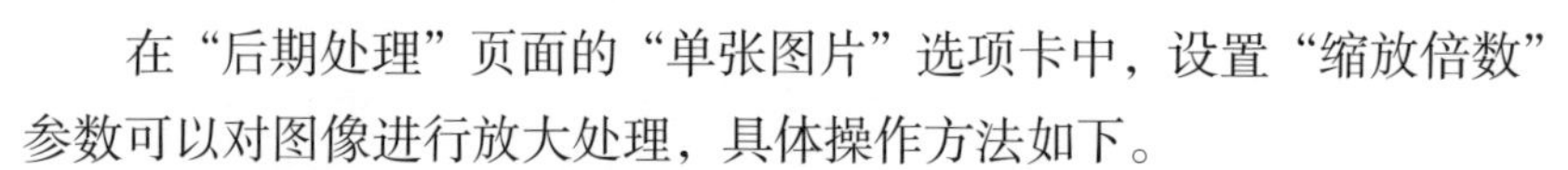

在“后期处理”页面的“单张图片”选项卡中，设置“缩放倍数”参数可以对图像进行放大处理，具体操作方法如下。

步骤 01 进入“后期处理”页面，在“单张图片”选项卡中单击“点击上传”超链接，如图 6-1 所示。弹出“打开”对话框，选择相应的原图。

图 6-1 单击“点击上传”超链接

步骤 02 单击“打开”按钮，即可上传一张原图，如图 6-2 所示。

图 6-2 上传一张原图

步骤 03 在页面下方的 Upscaler 1（放大 1）下拉列表中选择 R-ESRGAN 4x+ 选项，选择一种适合写实类图像的放大算法，如图 6-3 所示。

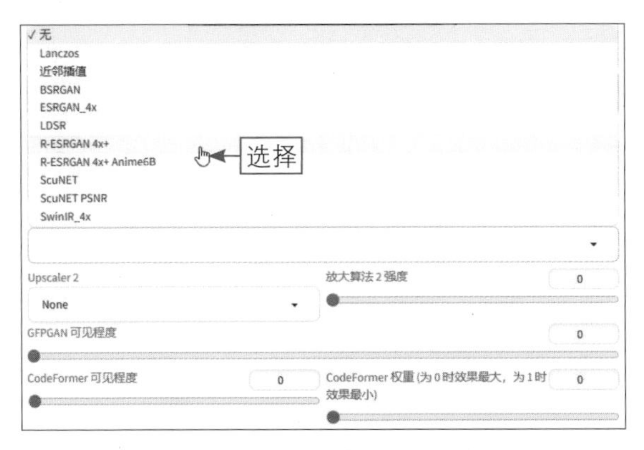

图 6-3　选择 R-ESRGAN 4x+ 选项

步骤 04 Upscaler 2（放大 2）下拉列表中的选项与 Upscaler 1 相同，用于实现叠加缩放效果，通常建议选择“无”选项，如图 6-4 所示。

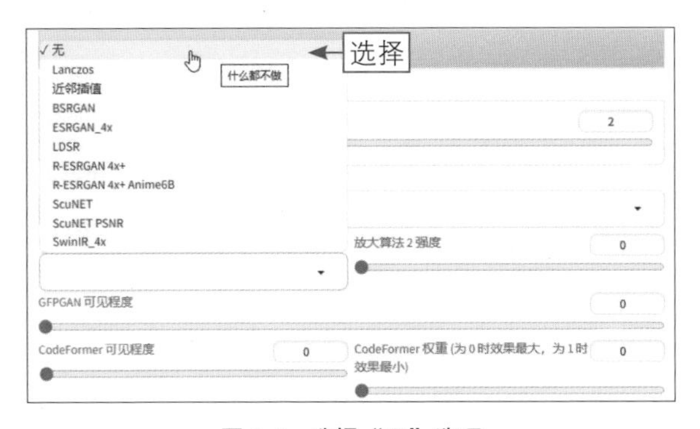

图 6-4　选择“无”选项

步骤 05 在“缩放倍数”选项卡中，设置“缩放比例”为 2，表示将图像放大 2 倍，如图 6-5 所示。

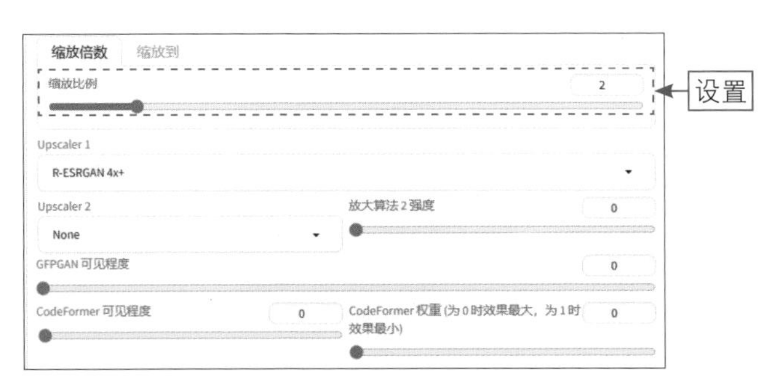

图 6-5　设置“缩放比例”参数

步骤 06 单击“生成”按钮，即可生成相应的图像，并将原图放大 2 倍，效果如图 6-6 所示。

图 6-6　将原图放大 2 倍的效果

6.1.2 【实战】：修复模糊的人脸

扫码看教学视频

在“后期处理”页面的“单张图片”选项卡中，通过“GFPGAN 可见程度”参数可以修复图像中的人脸部分，值越高图像越清晰，但与原图的相似程度越小。下面介绍修复模糊的人脸的操作方法。

步骤 01 在“后期处理”页面的“单张图片”选项卡中，上传一张原图，如图 6-7 所示。

图 6-7　上传一张原图

步骤 02 在页面下方设置“GFPGAN 可见程度”为 1，将修复强度调到最大，如图 6-8 所示。

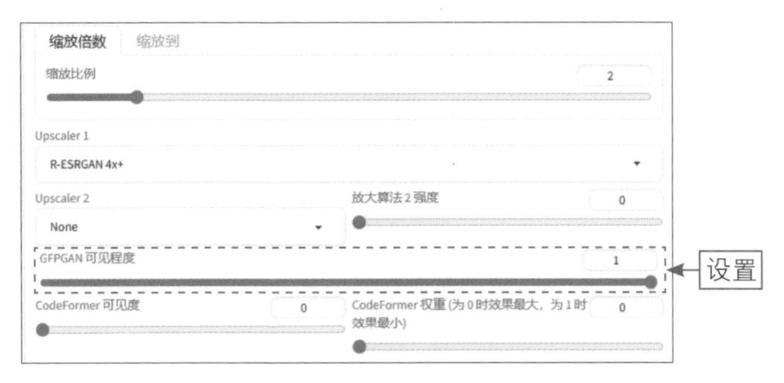

图 6-8　设置“GFPGAN 可见程度”参数

步骤 03 单击“生成”按钮，即可生成相应的图像，可以让人脸变得更清晰，原图与效果图对比如图 6-9 所示。

图 6-9　原图与效果图对比

6.1.3 【实战】：优化人脸图像

扫码看教学视频

在“后期处理”页面的“单张图片”选项卡中，利用“CodeFormer 可见程度”选项能够在画面非常模糊，甚至有损坏的情况下，修复出接近原始的、极高质量的人脸图像效果。下面介绍优化人脸图像的操作方法。

步骤 01 在“后期处理”页面的“单张图片”选项卡中，上传一张原图，如图 6-10 所示。

图 6-10　上传一张原图

步骤 02 在页面下方设置“CodeFormer 可见程度”为 1，将修复强度调到最大，如图 6-11 所示。

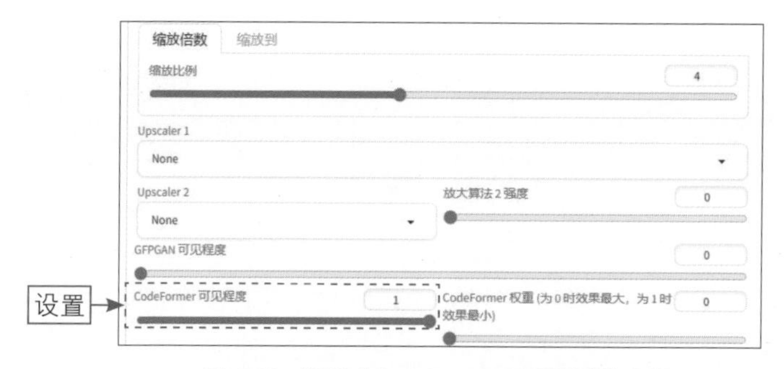

图 6-11　设置“CodeFormer 可见程度”参数

步骤 03 单击“生成”按钮，即可生成相应的图像，可以优化人脸中的瑕疵，原图与效果图对比如图 6-12 所示。

图 6-12　原图与效果图对比

6.1.4　【实战】：批量处理图像

扫码看教学视频

在“后期处理”页面的“批量处理”选项卡中，用户可以批量放大或修复图像，具体操作方法如下。

步骤 01 在“后期处理”页面的“批量处理”选项卡中，上传两张原图，在页面下方切换至“缩放到”选项卡，设置“宽度”和“高度”均为 1024，设置 Upscaler 1 为 R-ESRGAN 4x+，让放大后的图像更偏写实效果，如图 6-13 所示。

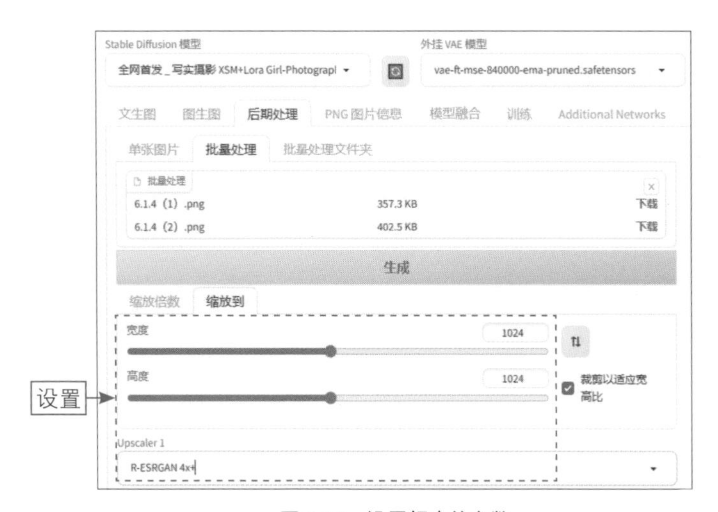

图 6-13　设置相应的参数

步骤 02 单击“生成”按钮，即可生成相应的图像，实现图像的批量放大处理，效果如图 6-14 所示。

图 6-14　批量放大图像效果

6.1.5 【实战】：批量处理文件夹

在“后期处理”页面的“批量处理文件夹”选项卡中，用户可以设置相应的图像输入和输出目录，从而批量处理同文件夹下的图像，具体操作方法如下。

步骤 01 在“后期处理”页面的“批量处理文件夹”选项卡中，设置相应的“输入目录”和“输出目录”，如图 6-15 所示。

图 6-15 设置相应的“输入目录”和“输出目录”

步骤 02 在页面下方设置“缩放比例”为 2、Upscaler 1 为 R-ESRGAN 4x+，设置相应的放大算法和倍数，如图 6-16 所示。

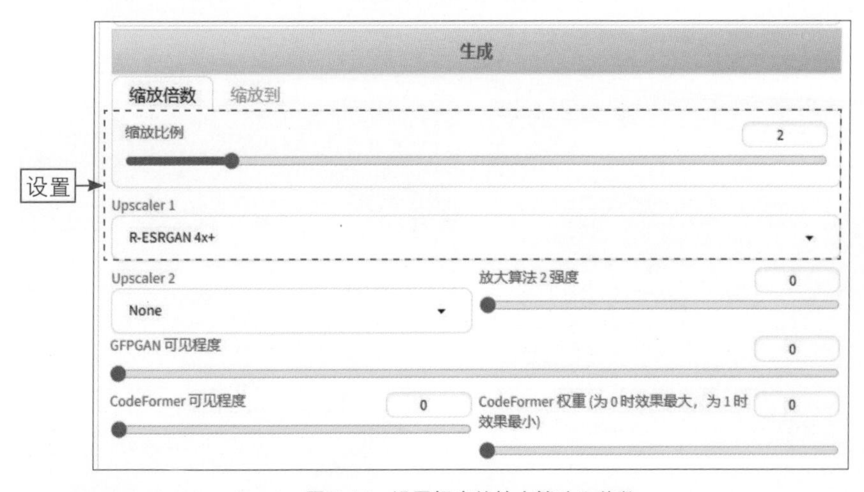

图 6-16 设置相应的放大算法和倍数

步骤 03 单击“生成”按钮，即可生成相应的图像，批量放大目标文件夹中的所有图像，效果如图 6-17 所示。

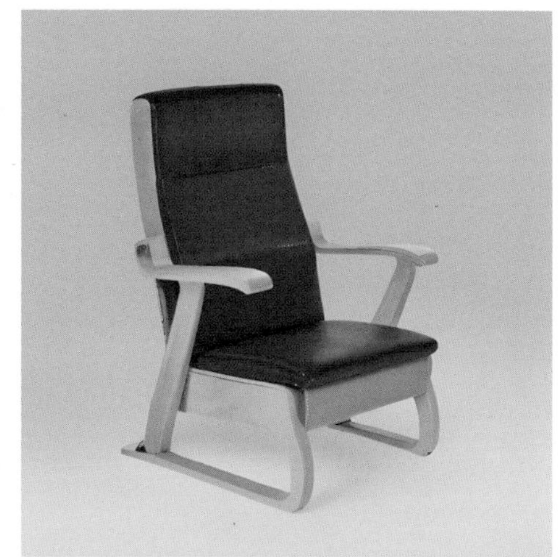
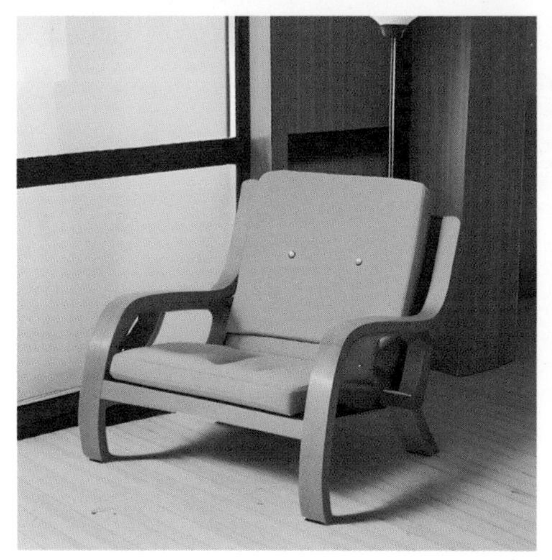

图 6-17 批量放大目标文件夹中的所有图像效果

【知识扩展】：R-ESRGAN 4x+ 放大算法的原理

R-ESRGAN 4x+ 放大算法可以将原图放大，同时充分保留原图的细节连贯性。该放大算法的工作原理是将图片分割成小块，然后使用生成式对抗网络算法进行局部演算，最后统一拟合。因此，它比系统自带的其他放大演算法更加高效，能够增加细节纹理，提高图像质量。通过使用 R-ESRGAN 4x+ 放大算法，Stable Diffusion 可以更好地处理低分辨率图像，并生成更高质量的输出结果。

6.2 掌握 Stable Diffusion 的模型优化方法

Stable Diffusion 中的各种模型可以帮助用户提高生成图像的质量、多样性和创新性。通过对模型的优化处理，可以提高模型的生成能力和性能，使得生成的图像更加逼真、细腻，具有更多的细节。本节将介绍一些常见的 Stable Diffusion 模型优化方法，如合并模型、转换模型和创建嵌入式模型等。

6.2.1 【实战】：合并模型

扫码看教学视频

合并模型指的是通过加权混合多个学习模型，将其融合成一个综合模型。简单来说，就是给每个模型分配一个权重，并将它们融合在一起。下面介绍在 Stable Diffusion 中合并模型的操作方法。

步骤 01 进入 Stable Diffusion 的“模型融合”页面，在“模型 A”下拉列表中选择 ·个二次元风格的大模型，如图 6-18 所示。

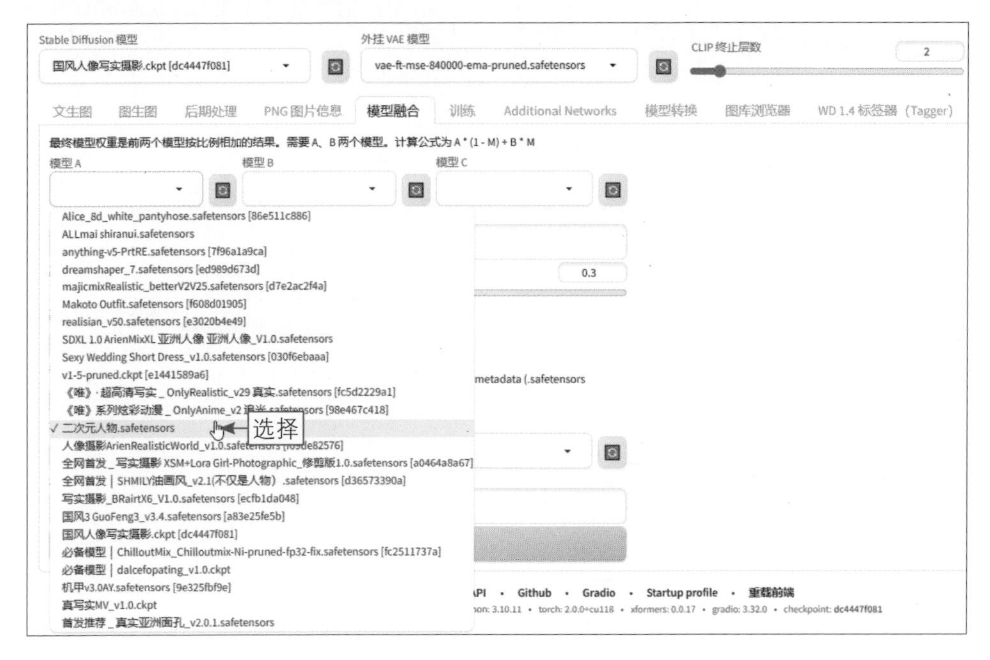

图 6-18　选择一个二次元风格的大模型

步骤 02 在“模型 B”下拉列表中选择一个国风人像写实摄影类的大模型，并设置“自定义名称（可选）”为“二次元国风人像”，如图 6-19 所示。

步骤 03 单击“融合”按钮，即可开始合并选择的两个大模型，并显示合并进度，如图 6-20 所示。

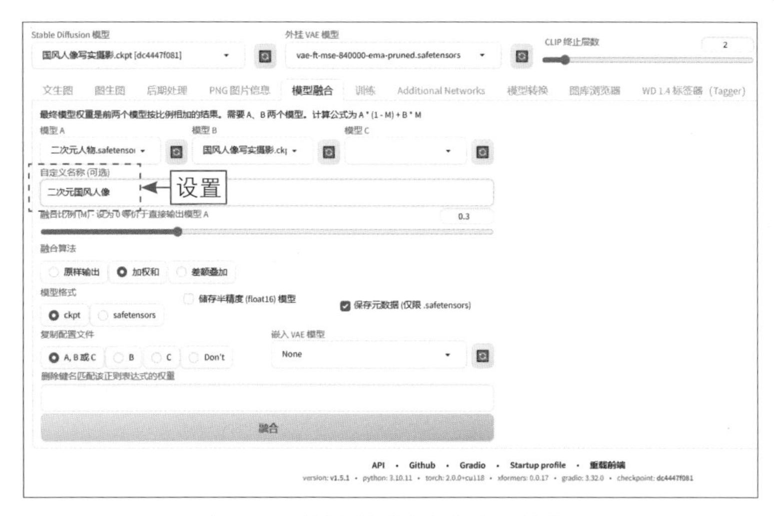

图 6-19　设置“自定义名称（可选）”

图 6-20　显示合并进度

步骤 04 模型合并完成后，在右侧可以看到输出后的模型路径，输出后的模型已自动放置在 Stable Diffusion 的主模型目录内，如图 6-21 所示。

图 6-21　查看合并后的模型路径

步骤 05 进入“文生图”页面，在“Stable Diffusion 模型”下拉列表中选择刚才合并的大模型，并输入相应的提示词，如图 6-22 所示。

图 6-22　输入相应的提示词

步骤 06 选择合适的采样方法，多次单击“生成”按钮，即可生成兼具二次元风格和国风风格的人像效果，如图 6-23 所示。

图 6-23　生成兼具二次元风格和国风风格的人像效果

【技巧总结】：模型合并的基本参数设置技巧

在“模型合并”页面中，相关参数的设置技巧如下。

❶ 模型 ABC：最少需要合并两个模型，最多可同时合并 3 个模型。

❷ 自定义名称（可选）：设置融合模型的名字，建议把两个模型和所占比例都加入名称之中，如“Anything_v4.5_0.5_3Guofeng3_0.5”。注意，如果用户没有设置该选项，则默认使用模型 A 的文件名，并且会覆盖模型 A 文件。

❸ 融合比例（M）：模型A占比为（1−M）×100%，模型B占比为M× 100%。

❹ 融合算法：包括“原样输出（结果 =A）”“加权和（结果 =A×（1−M）+ B×M）”“差额叠加（结果 =A+（B−C）×M）”3 种算法，合并两个模型时推

荐使用“加权和”算法，合并 3 个模型时则只能使用“差额叠加”算法。

❺ 模型格式：.ckpt 是默认格式，.safetensors 格式可以理解为 .ckpt 的升级版，拥有更快的 AI 绘图生成速度，而且不会被反序列化攻击。

❻ 存储半精度（float16）模型：通过降低模型的精度来减少显存占用空间。

❼ 复制配置文件：直接选中 A、B 或 C 单选按钮即可，即复制所有模型的配置文件。

❽ 嵌入 VAE 模型：嵌入当前的 VAE 模型，相当于给图像加上滤镜效果，缺点是会增加模型的容量。

❾ 删除键名匹配该正则表达式的权重：可以理解为想删除模型内的某个元素时，可以将其键值进行匹配删除。

6.2.2　【实战】：转换模型

扫码看教学视频

Stable Diffusion 包括两种模型序列化格式，即 .ckpt 和 .safetensors。.ckpt 格式的文件是用 pickle 序列化的，可能包含恶意代码或不信任的模型来源，因此加载 .ckpt 格式的文件可能存在安全问题。.safetensors 格式的文件是用 NumPy 保存的，只包含张量数据，没有任何代码，因此加载 .safetensors 格式的文件更安全和快速。下面介绍将 .ckpt 格式的模型转换为 .safetensors 格式的操作方法。

步骤 01 进入 Stable Diffusion 的“模型转换”页面，在“模型”下拉列表中选择要转换的大模型，输入相应的自定义名称，在“模型格式”选项组中仅选中 safetensors 复选框，如图 6-24 所示。

图 6-24　选中 safetensors 复选框

步骤 02 单击"运行"按钮，即可开始转换模型格式，并显示相应的转换速度和时间，如图 6-25 所示。

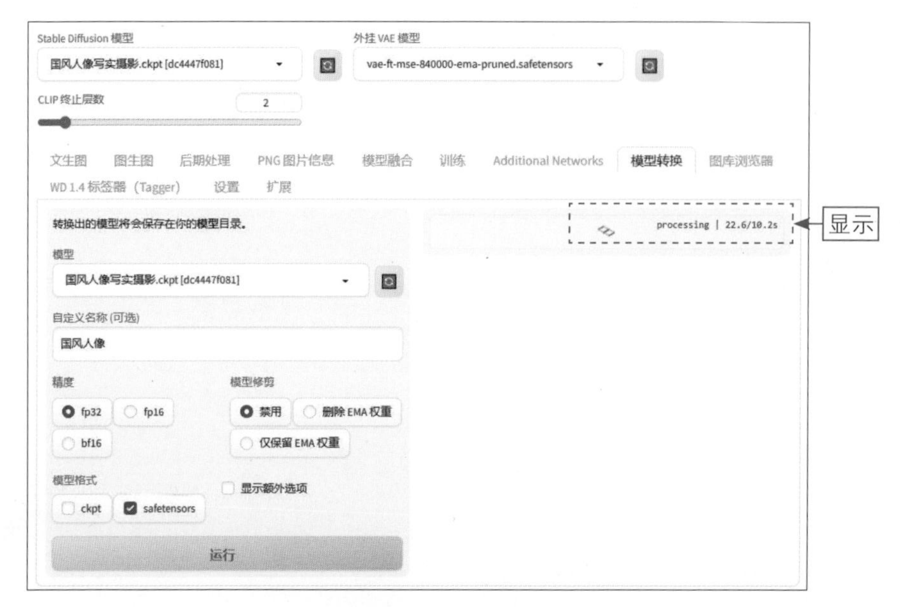

图 6-25　显示相应的转换速度和时间

步骤 03 稍等片刻，即可完成模型的转换，并显示转换后的模型保存路径，如图 6-26 所示。

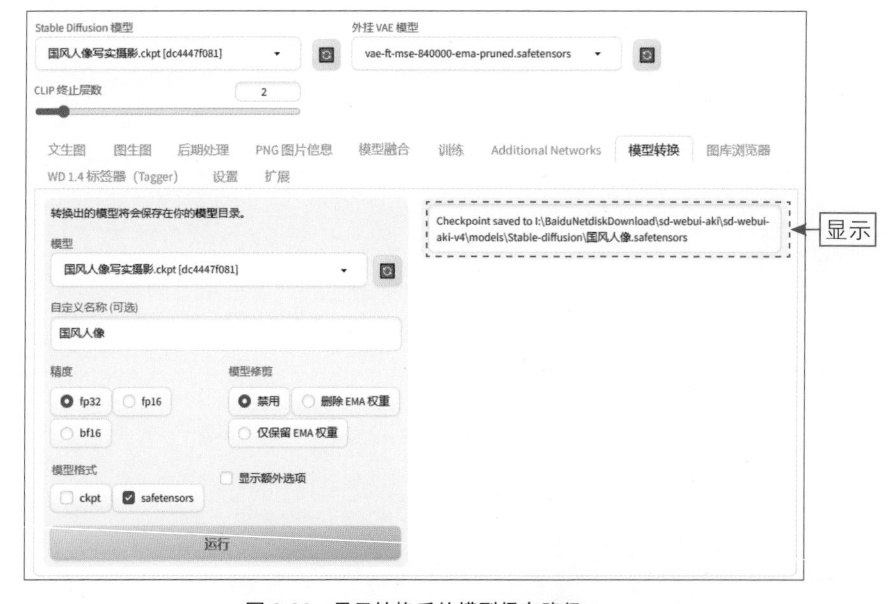

图 6-26　显示转换后的模型保存路径

【知识扩展】：.ckpt 格式文件和 .safetensors 格式文件的区别

.ckpt 格式的文件通常使用 pickle 进行序列化，这是一种用于结构化数据序列化的格式，可以将 Python 对象转换为二进制格式，以便于存储和传输数据。

与之相对的是，.safetensors 格式的文件是一种使用 NumPy 保存张量信息的文件格式。NumPy 是 Python 中常用的科学计算库，可以用于处理多维数组和矩阵等数据结构。张量是一种多维数组，可以用于表示不同类型的数据，比如图像、文本和语音等。safetensors 文件可以将张量信息保存为 NumPy 格式的文件，以便于在不同的程序和平台之间共享和使用。

6.2.3 【实战】：创建嵌入式模型

扫码看教学视频

嵌入式模型通常指的是将模型嵌入到硬件设备或系统中，以实现实时或离线应用。需要注意的是，在模型的优化和集成过程中，可能需要进行多次迭代和调试，以获得最佳的性能和效果。下面介绍在 Stable Diffusion 中创建嵌入式模型的操作方法。

步骤 01 进入“训练”页面中的“创建嵌入式模型”选项卡，设置“名称”为 moxing1、“每个词元（token）的向量数”为 6，如图 6-27 所示。

图 6-27　设置相应的参数

步骤 02 单击“创建嵌入式模型”按钮，页面右侧会显示嵌入式模型的保存路径，表示嵌入式模型创建成功，如图 6-28 所示。

图 6-28　嵌入式模型创建成功

【知识扩展】：每个词元（token）的向量数是什么？

在 Stable Diffusion 中，每个词元（token）的向量数取决于预训练模型的架构和输入数据的特性。通常情况下，预训练语言模型使用 Transformer 架构，每个词元会被转换为固定长度的向量表示。

在 Transformer 架构中，每个词元会被分割成一个单词序列，每个单词被表示为一个向量。这些向量通常具有不同的长度，但经过填充操作后，它们会被调整为相同的长度。

对于输入数据，如文本或图像，每个输入也会被转换为一系列向量。这些向量可以是文本中的词元向量，也可以是图像中的像素向量。另外，对于图像输入，通常会使用卷积神经网络（Convolutional Neural Network，CNN）或其他图像处理技术来提取特征向量。

6.2.4　【实战】：图像预处理

图像预处理可以提高模型训练的效率和稳定性，同时也可以提高模型的生成质量和性能。预处理操作可以提取图像的特征，为模型提供更有代表性的输入信息，从而提高模型的性能和准确性。下面介绍图像预处理的操作方法。

扫码看教学视频

步骤 01 在 Stable Diffusion 的根目录下新建一个 train 文件夹，在其中创建 3 个子文件夹，子文件夹的名称建议设置为与嵌入式模型一样，便于区分，如图 6-29 所示。

步骤 02 打开刚创建的最后一个子文件夹，在其中创建两个图像文件夹，如图 6-30 所示，并将需要训练的图片放入 mongxing1in 文件夹中。

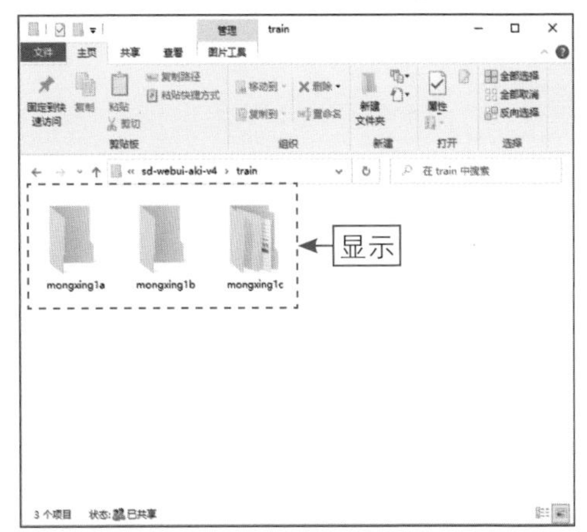

图 6-29　创建 3 个子文件夹

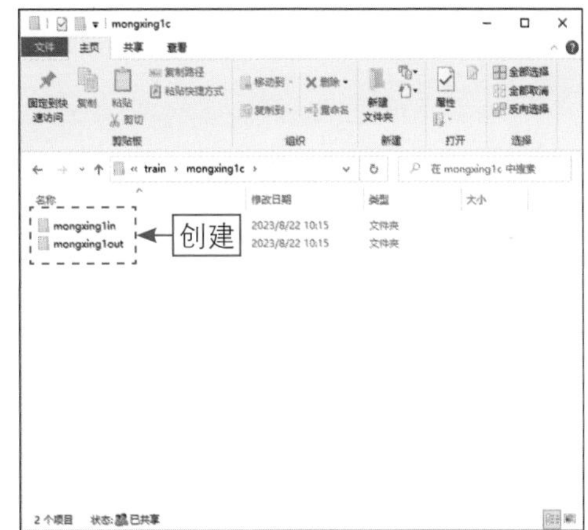

图 6-30　创建两个图像文件夹

步骤 03 在“训练”页面中，切换至“图像预处理”选项卡，在“源目录”文本框中输入 mongxing1in 文件夹的路径，在“目标目录”文本框中输入 mongxing1out 文件夹的路径，在页面下方同时选中“创建水平翻转副本”（用于建立镜像副本）和“使用 BLIP 生成标签（自然语言）”复选框，单击“预处理”按钮，即可显示预处理进度，如图 6-31 所示。

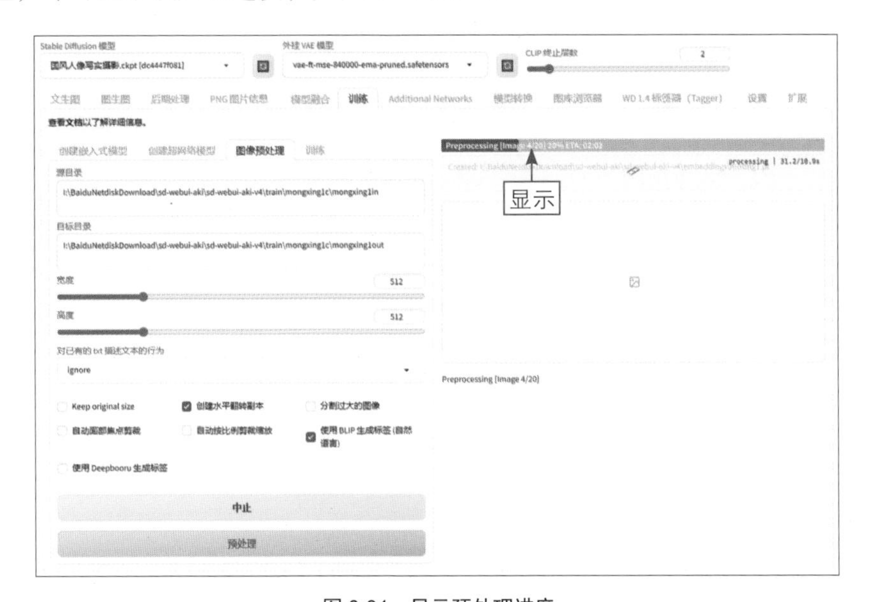

图 6-31　显示预处理进度

步骤 04 当页面右侧显示 Preprocessing finished（预处理完成）提示信息时，说明预处理已经成功了，如图 6-32 所示。

图 6-32　成功完成预处理

【知识扩展】：BLIP 是什么？

基本语言推理范式（Basic Language Inference Paradigms，BLIP）是一种用于自然语言处理和语言推理的模型，它可以生成标签来描述文本中的信息。BLIP 生成标签的效果受到多种因素的影响，如数据集的质量、预处理的质量和模型的参数设置等。因此，在使用 BLIP 生成标签时，需要根据具体情况进行优化和调整。

6.2.5　模型的训练方法

完成 6.2.3 和 6.2.4 小节中的操作后，即可开始训练模型。在“训练”页面中，切换至“训练”选项卡，在“嵌入式模型（Embedding）”下拉列表中选择前面创建的嵌入式模型，在“数据集目录”文本框中输入 mongxing1out 文件夹的路径，在“提示词模板”下拉列表中选择 subject_filewords.txt（包含主题文件和单词的文本文件）选项，设置“最大步数”为 10000（表示完成这么多步骤后，训练将停止），选中“进行预览时，从文生图选项卡中读取参数（提示词等）”复选框，相关参数设置如图 6-33 所示。

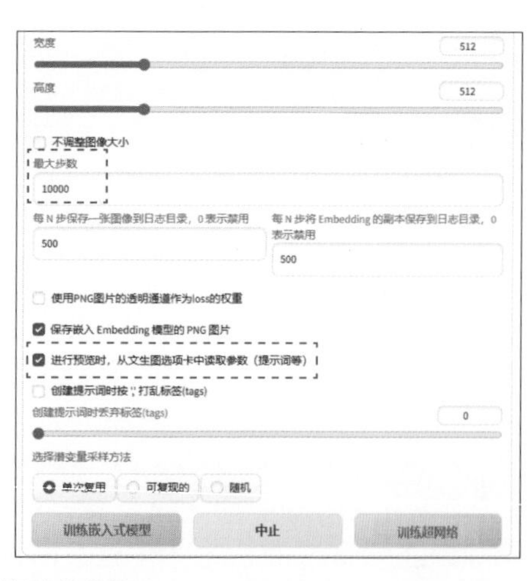

图 6-33　设置相应的参数

之后进入“文生图”页面，选择一个合适的大模型，并输入一些简单的提示词，如图 6-34 所示。然后返回“训练”页面，单击“训练嵌入式模型”按钮，即可开始训练模型，时间会比较长。

图 6-34　输入一些简单的提示词

在模型的训练过程中，每隔 500 步，页面右侧会展示出训练的模型效果预览图。如果用户觉得满意，可以单击“中止”按钮来结束训练；如果不满意，可以让训练操作继续执行。

通常需要到 10000 步左右，才可能出现比较不错的出图效果，有些配置差的计算机可能要到 30000 步才行。10000 步左右的训练，通常需要耗时一个半小时左右。

训练完成后，可以在扩展模型中切换至“嵌入式（T.I. Embedding）”选项卡，在其中即可查看训练好的嵌入式模型，如图 6-35 所示。用户在进行文生图或图生图操作时，可以直接选择该模型进行绘图。

图 6-35　查看训练好的嵌入式模型

本章小结

本章主要向读者介绍了 Stable Diffusion 中的一些高级处理功能，具体内容包括放大图像、修复模糊的人脸、优化人脸图像、批量处理图像、批量处理文件夹、合并模型、转换模型、创建嵌入式模型、图像预处理、模型的训练方法等。通过对本章的学习，读者能够更好地掌握 Stable Diffusion 的后期处理功能和模型训练技巧。

课后习题

鉴于本章知识的重要性，为了帮助读者更好地掌握所学知识，将通过课后习题，帮助读者进行简单的知识回顾和补充。

1. 使用 Stable Diffusion 将图像放大两倍，效果如图 6-36 所示。

扫码看教学视频

图 6-36　放大图像效果

2. 使用 Stable Diffusion 修复模糊的人脸图像，效果如图 6-37 所示。

扫码看教学视频

图 6-37　修复人脸图像效果

第 7 章

9 个 SD 扩展应用技巧，轻松使用各种插件

Stable Diffusion中的扩展插件可以提供更多的功能和更细致的绘画控制能力，以实现更复杂的图像生成和处理效果。这些插件通常基于原有的Stable Diffusion算法进行扩展和改进，以适应不同的应用需求，使得AI绘图变得更加灵活和多样化。

7.1 掌握 ControlNet 插件的使用方法

ControlNet 是一种基于 Stable Diffusion 的扩展插件，它可以提供更灵活和细致的图像控制功能。掌握 ControlNet 插件的使用方法，将能够帮助用户更好地实现图像处理的创意效果，让 AI 绘画作品更加生动、逼真和具有感染力。

7.1.1 【实战】：下载与安装 ControlNet 插件

扫码看教学视频

ControlNet 的原理是通过控制神经网络块的输入条件，来调整神经网络的行为。简单来说，ControlNet 能够基于上传的图片，提取图片的某些特征，控制 AI 根据这个特征生成用户想要的图片，这就是它的强大之处。

如果用户使用的是“秋叶整合包”安装的 Stable Diffusion，通常可以在“文生图”或“文生图”页面的下方看到 ControlNet 插件，如图 7-1 所示。

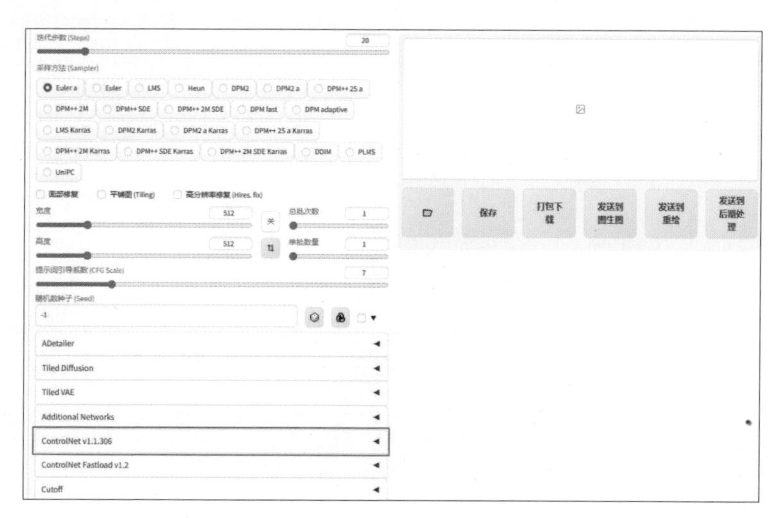

图 7-1　ControlNet 插件的位置

如果用户在此处没有看到 ControlNet 插件，则需要重新下载和安装该插件，具体操作方法如下。

步骤 01 进入 Stable Diffusion 中的“扩展”页面，切换至“可下载”选项卡，单击“加载扩展列表”按钮，如图 7-2 所示。

步骤 02 执行操作后，即可加载扩展列表，在“搜索”下方的文本框中输入 ControlNet，如图 7-3 所示，即可在列表中显示相应的 ControlNet 插件，单击右侧的“安装”按钮即可自动安装。注意，由于本机已经安装了 ControlNet 插件，所以列表中不再显示该插件。

图 7-2　单击“加载扩展列表”按钮

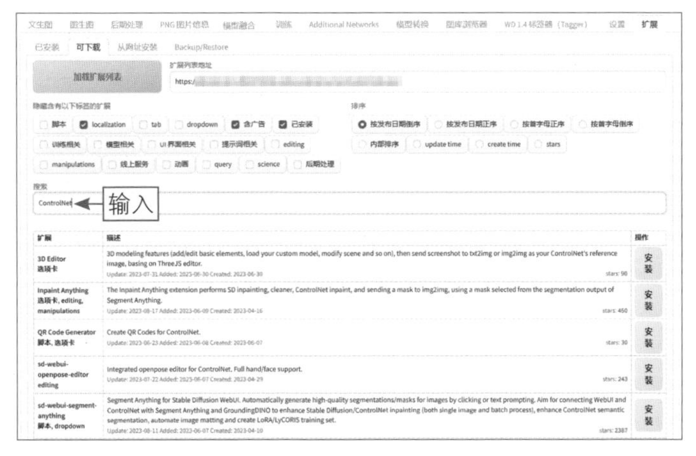

图 7-3　输入 ControlNet

ControlNet 插件安装完成后，需要重启 Stable Diffusion WebUI。注意，需要完全重启 Stable Diffusion WebUI。如果用户是从本地启动的 Stable Diffusion WebUI，需要重启 Stable Diffusion 的启动器；如果用户使用的是云端部署，则需要暂停 Stable Diffusion 的运行，再重新开启 Stable Diffusion。

7.1.2　【实战】：下载与安装 ControlNet 模型

扫码看教学视频

首次安装 ControlNet 插件后，在“模型”下拉列表框中是看不到任何模型的，因为 ControlNet 的模型需要单独下载，只有下载 ControlNet 必备的模型后，才能正常使用 ControlNet 插件的功能。下面介绍下载与安装 ControlNet 模型的操作方法。

步骤 01 在 huggingface 网站中进入 ControlNet 模型的下载页面，单击相应模型栏中的 Download file（下载文件）按钮，如图 7-4 所示，即可下载模型。注意，这里必须下载扩展名为 .pth 的文件，文件大小一般为 1.45GB。

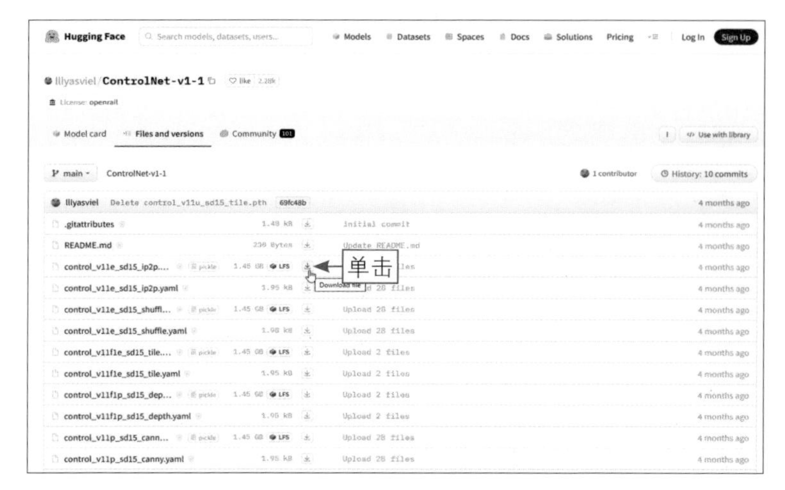

图 7-4　单击 Download file 按钮

步骤 02 ControlNet 模型下载完成后，将模型文件保存到 sd-webui-aki\sd-webui-aki-v4\models\ControlNet 文件夹中，即可完成 ControlNet 模型的安装，如图 7-5 所示。

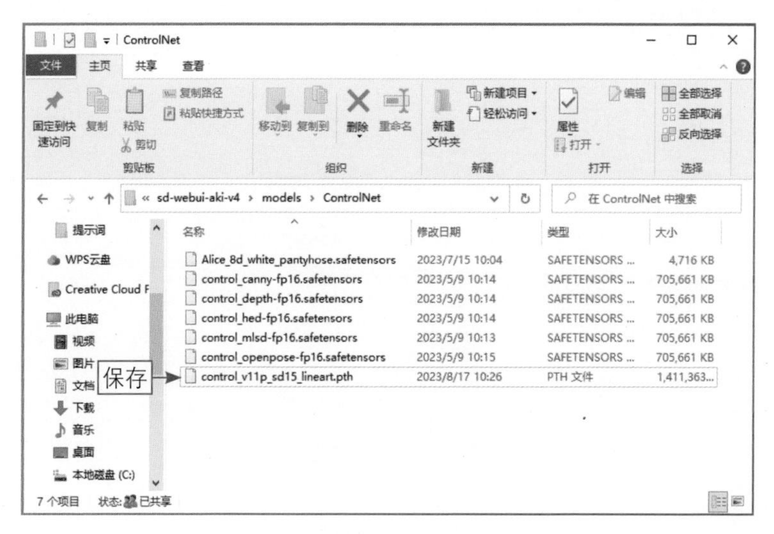

图 7-5　将模型文件保存到相应的文件夹

ControlNet 模型下载安装完成后，再次启动 Stable Diffusion WebUI，即可看到已经安装好的 ControlNet 模型了。

【技巧总结】：设置 ControlNet 插件的模型数量

如果用户是第一次安装 ControlNet 插件，可能只有一个或两个模型，若想要更多的 ControlNet 模型，可以进入“设置”页面，切换至 ControlNet 选项卡，适当设置“多重 ControlNet 的最大模型数量（需重启）”参数，如图 7-6 所示。最多可以开启 10 个 ControlNet 模型，但一般用不到那么多，而且 10 个 ControlNet 模型可能导致绘图时显卡崩溃，正常情况下只需开启 4 ~ 5 个 ControlNet 模型即可。

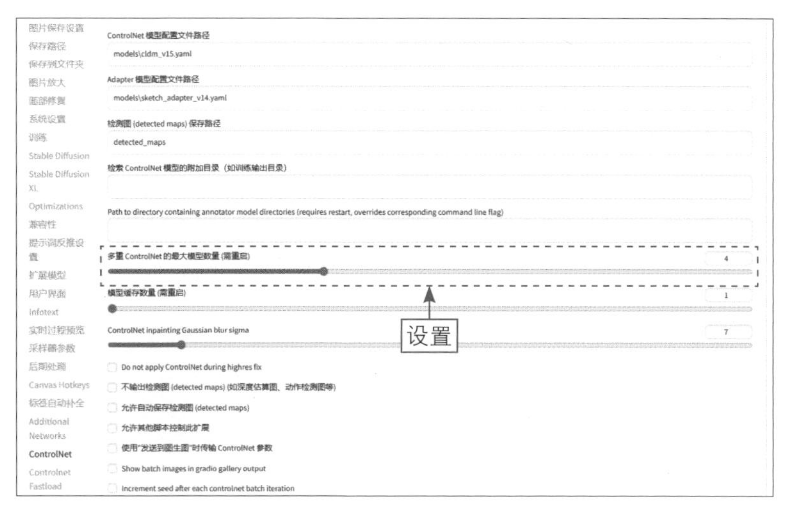

图 7-6　设置“多重 ControlNet 的最大模型数量（需重启）”参数

7.1.3 【实战】：检验 ControlNet 插件

扫码看教学视频

安装好 ControlNet 插件后，可以对其进行检验，查看其功能是否能够正常使用，具体操作方法如下。

步骤 01 展开 ControlNet 插件选项区，上传一张原图，如图 7-7 所示。

图 7-7　上传一张原图

步骤 02 在页面下方的“控制类型”选项区中，选中“Canny（硬边缘）”单选按钮，单击 Run preprocessor（运行预处理程序）按钮 ，如图 7-8 所示。

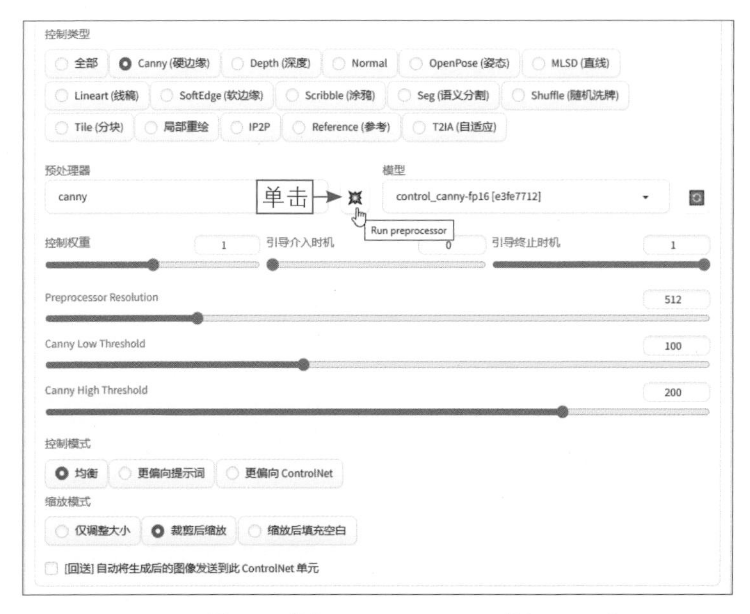

图 7-8　单击 Run preprocessor 按钮

步骤 03 执行操作后，在原图的右侧会生成一张黑白线稿图，即表示 ControlNet 插件已成功运行，效果如图 7-9 所示。

图 7-9　生成一张黑白线稿图

7.1.4 【实战】：生成线稿轮廓图

扫码看教学视频

ControlNet 插件中的预处理器共计有 20 多种，每种预处理器又可以细分为 40 多种，其中类型最多的就是线稿轮廓类，如 Canny（硬边缘）、Lineart（线稿）、SoftEdge（软边缘）、Scribble（涂鸦）等。线稿轮廓类 ControlNet 预处理器的主要作用就是捕捉图像的线稿和轮廓特征，具体操作方法如下。

步骤 01 展开 ControlNet 插件选项区，上传一张原图，如图 7-10 所示。

图 7-10　上传一张原图

步骤 02 在页面下方的“控制类型”选项区中，选中“Lineart（线稿）”单选按钮，单击 Run preprocessor 按钮，生成相应的线稿轮廓图，如图 7-11 所示。

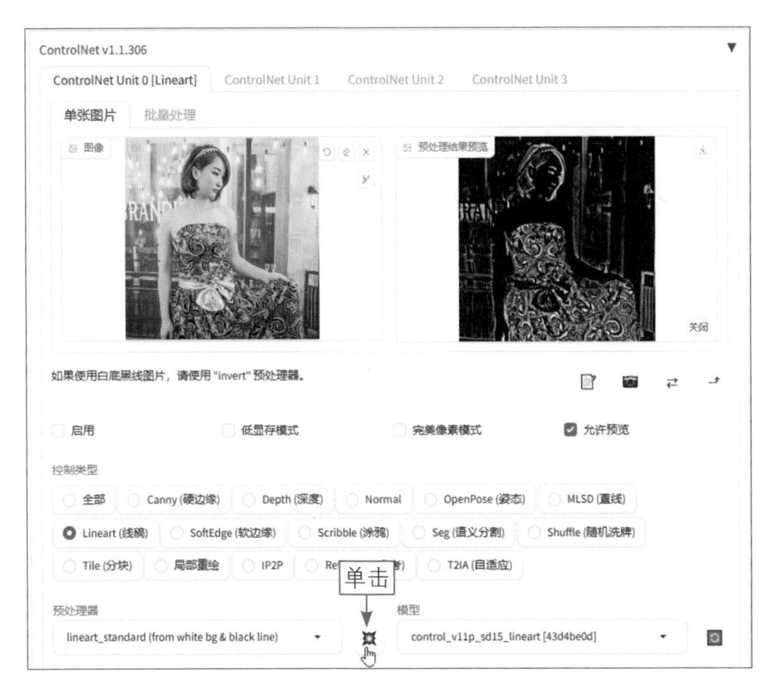

图 7-11　单击 Run preprocessor 按钮

步骤 03 选中“启用”复选框，选择一个二次元风格的大模型，输入相应的提示词，多次单击“生成”按钮，即可根据原图的人物姿势生成相应的二次元图像，效果如图 7-12 所示。

图 7-12　生成相应的二次元图像效果

7.2　掌握其他扩展插件的使用方法

Stable Diffusion 中的扩展插件非常丰富，而且功能多种多样，能够帮助用户提升 AI 绘画的出图质量和效率。本节将介绍一些比较实用的扩展插件，能够帮助用户更好地发挥出 Stable Diffusion 的绘图效果。

7.2.1　【实战】：使用自动翻译插件

扫码看教学视频

Stable Diffusion 的提示词通常都是一大片英文，对于英文水平不好的用户来说比较麻烦，其实用户可以使用自动翻译插件来解决这个难题，具体操作方法如下。

步骤 01 进入“扩展”页面，切换至“可下载”选项卡，单击“加载扩展列表”按钮，搜索 prompt-all，单击相应插件右侧的“安装”按钮，如图 7-13 所示。

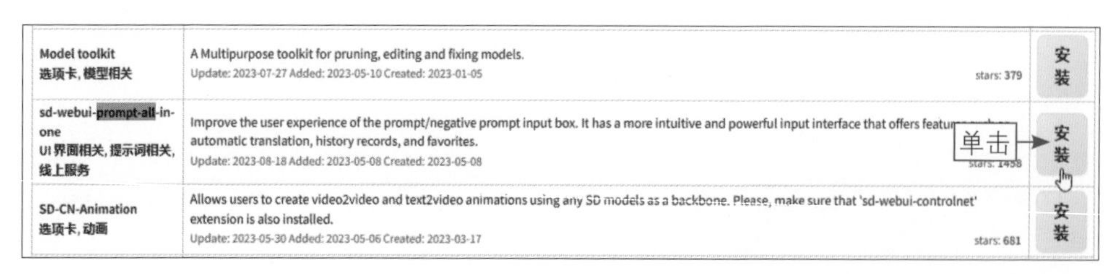

图 7-13　单击“安装”按钮

步骤 02 插件安装完成后，切换至“已安装”选项卡，单击“应用更改并重启”按钮，如图 7-14 所示，重启 Stable Diffusion WebUI。

图 7-14　单击“应用更改并重启”按钮

步骤 03 执行操作后，进入“文生图”页面，可以看到提示词输入框的下方显示了自动翻译插件，单击“设置”按钮，在弹出的工具栏中单击“翻译接口”按钮，如图 7-15 所示，可以选择相应的翻译接口，如百度翻译、有道翻译等。

图 7-15　单击“翻译接口”按钮

步骤 04 在插件右侧的“请输入新关键词”文本框中，输入相应的中文提示词，如“1 个女孩”，按【Enter】键确认即可自动翻译成英文并填入到提示词输入框中，如图 7-16 所示。

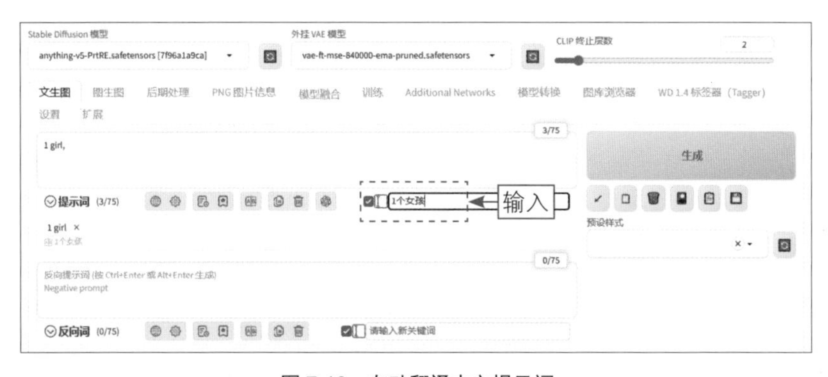

图 7-16　自动翻译中文提示词

步骤 05 使用相同的操作方法，输入其他的正向提示词和反向提示词，多次单击“生成”按钮，即可生成相应的图像，效果如图 7-17 所示。

图 7-17　生成相应的图像

7.2.2 【实战】：优化与修复人物脸部

ADetailer 插件可以自动修复低分辨率下生成的人物全身照的脸部，轻松解决低显存下人物脸部变形的情况。ADetailer 插件的安装方法可以参考上面的其他插件。下面介绍使用 ADetailer 插件优化与修复人物脸部的操作方法。

扫码看教学视频

步骤 01 进入“文生图”页面，输入相应的提示词，单击“生成”按钮，生成相应的图像，效果如图 7-18 所示。

图 7-18　生成相应的图像

步骤 02 在页面下方固定图像的Seed值，展开ADetailer插件选项区，选中“启用 After Detailer”复选框，开启人脸修复功能，如图 7-19 所示。

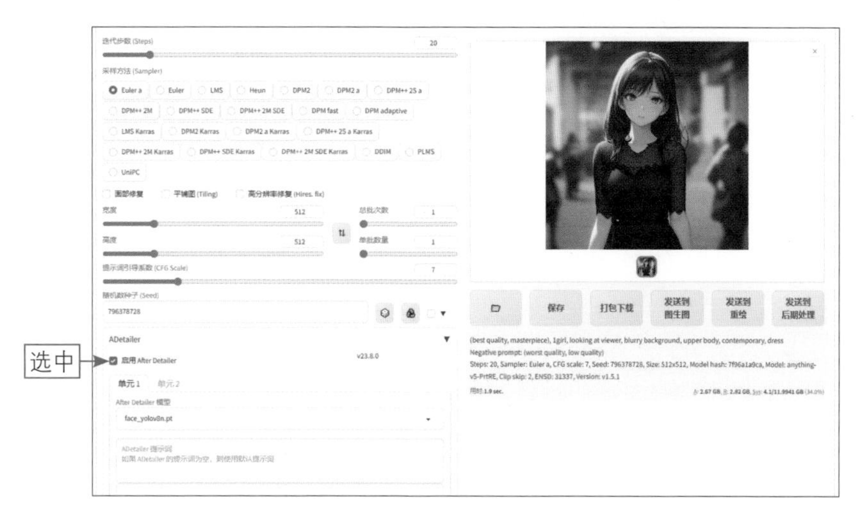

图 7-19　选中“启用 After Detailer”复选框

步骤 03 再次单击“生成”按钮，对图像中的人脸进行修复处理，可以看到修复后的人脸细节更加丰富，原图和效果图对比如图 7-20 所示。

图 7-20　原图和人脸修复后的效果对比

7.2.3 【实战】：精准控制物体颜色

扫码看教学视频

在进行 AI 绘画时，如果提示词中设定的颜色过多，很容易出现不同物体之间颜色混乱的情况，使用 Cutoff 插件能很好地帮助用户解决这个问题，让画面中物体的颜色不会相互“污染”。下面介绍使用Cutoff插件精准控制物体颜色的操作方法。

步骤01 进入“文生图”页面，输入相应的提示词，单击“生成”按钮，生成相应的图像，效果如图7-21所示。

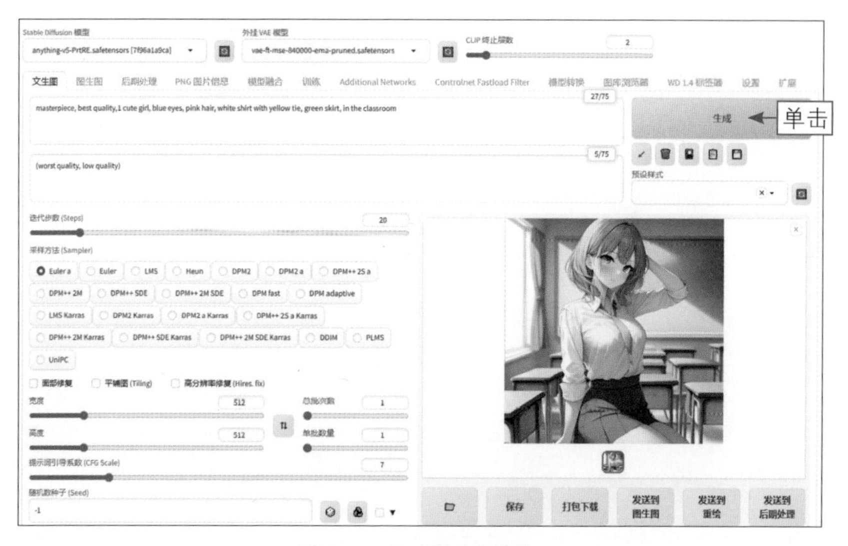

图7-21　生成相应的图像

步骤02 在页面下方固定图像的Seed值，展开Cutoff插件选项区，选中“启用”复选框，并在“分隔目标提示词（逗号分隔）”文本框内输入想要分隔的词语，如图7-22所示。

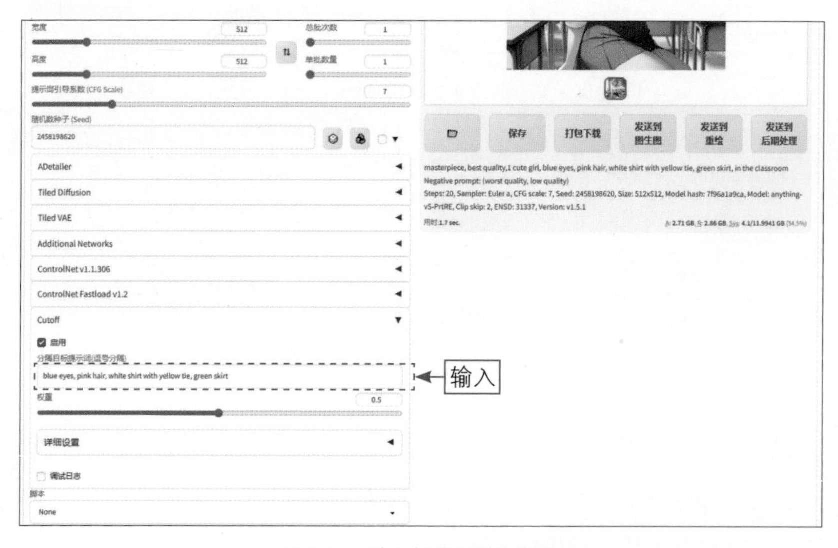

图7-22　输入想要分隔的词语

步骤 03 再次单击“生成”按钮，即可生成相应的图像，并能够很好地规范不同物体之间的颜色，原图和规范物体颜色效果对比如图 7-23 所示。

图 7-23　原图和规范物体颜色效果对比

【技巧总结】：从网址安装插件

除了在“扩展”页面的“可下载”选项卡中直接搜索插件，用户还可以切换至“从网址安装”选项卡，在“扩展的 git（一种代码托管技术）仓库网址”文本框中输入插件的下载链接，单击“安装”按钮，如图 7-24 所示，即可快速安装插件。

文生图　图生图　后期处理　PNG 图片信息　模型融合　训练　Additional Networks　Controlnet Fastload Filter
模型转换　图库浏览器　WD 1.4 标签器　设置　扩展
已安装　可下载　从网址安装　备份/恢复
扩展的 git 仓库网址
https://githu… sd-webui-cutoff
特定分支名
留空以使用默认分支
本地目录名
留空时自动生成
安装
单击

图 7-24　单击“安装”按钮

7.2.4　【实战】：无损放大图像

扫码看教学视频

Ultimate SD Upscale 是一款非常受欢迎的图像放大插件，它会先将图像分割成一个个小的图块后再分别放大，然后拼合在一起，比较适合低显存的计算机。下面介绍使用 Ultimate SD Upscale 插件无损放大图像的操作方法。

步骤 01 进入“图生图”页面，上传一张原图，选择原图生成时使用的大模型，并输入与原图一致的提示词，如图 7-25 所示。

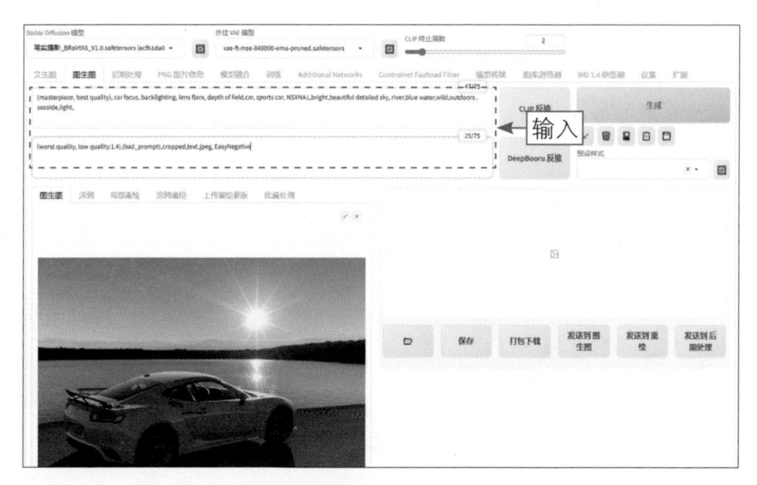

图 7-25　输入相应的提示词

步骤 02 在页面下方，设置与原图一致的采样方法和重绘尺寸，同时设置“迭代步数”为 30、“重绘幅度”为 0.25，对图像的生成参数进行调整，提升图像的生成效果，如图 7-26 所示。

步骤 03 在页面最下方的“脚本”下拉列表中选择 Ultimate SD upscale 选项，展开相应的插件选项区，设置“目标尺寸类型”为 Scale from image size（从图像大小缩放）、“放大算法”为 ESRGAN_4x（逼真写实类）、“类型”为 Chess（分块），可以减少图像伪影，如图 7-27 所示。

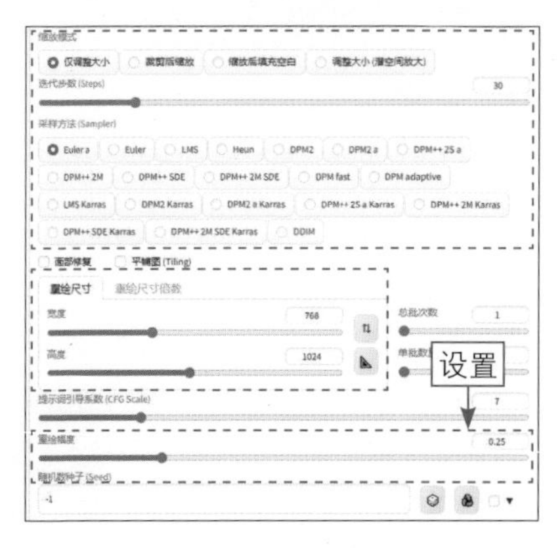

图 7-26　设置生成参数

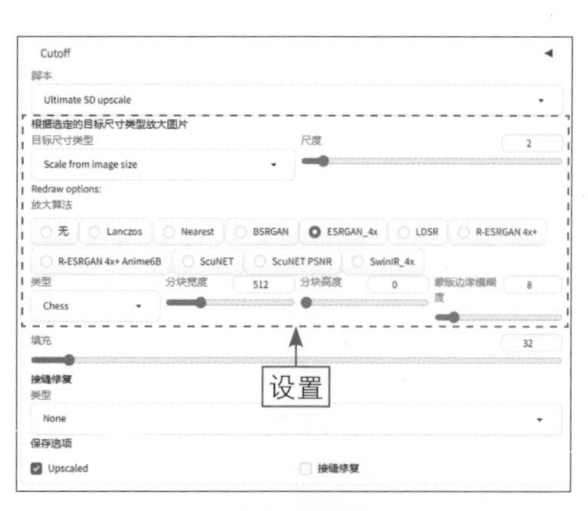

图 7-27　设置插件参数

步骤 04 单击“生成”按钮，即可生成相应的图像，并将图像放大为原来的两倍，效果如图 7-28 所示。

图 7-28 放大图像效果

7.2.5 【实战】：固定图像横纵比

扫码看教学视频

使用 Aspect Ratio Helper 插件可以固定 AI 生成图像的横纵比，比如 2∶3、16∶9 等，该插件会自动将数值调整为对应的宽高比。当用户锁定宽高比后，调整其中一项数值的时候，另一项也会跟随变化，非常方便。下面介绍使用 Aspect Ratio Helper 插件固定图像横纵比的操作方法。

步骤 01 进入“文生图”页面，选择合适的写实类大模型和采样方法，输入相应的提示词，如图 7-29 所示。

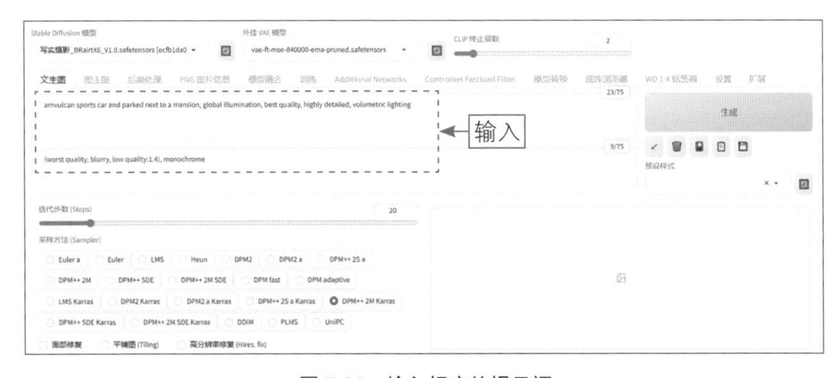

图 7-29 输入相应的提示词

步骤02 在页面下方设置"宽度"为1024，单击右侧的"关"按钮，在弹出的下拉列表中选择16∶9选项，系统会自动调整"高度"参数，使图像尺寸比例变为16∶9，如图7-30所示。

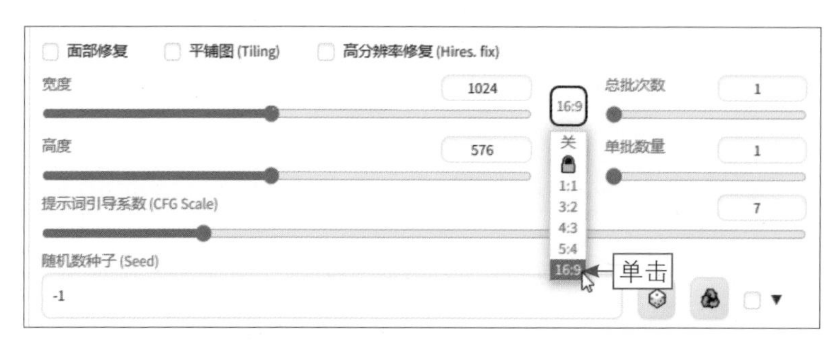

图7-30　选择16∶9选项

步骤03 单击"生成"按钮，即可生成横纵比固定为16∶9的图像，效果如图7-31所示。

图7-31　生成横纵比固定为16∶9的图像效果

本章小结

本章主要向读者介绍了Stable Diffusion的相关扩展插件，具体内容包括掌握ControlNet插件的使用方法，如下载与安装ControlNet插件、下载与安装ControlNet模型、检验ControlNet插件、生成线稿轮廓图；掌握其他扩展插件的使用方法，如使用自动翻译插件、优化与修复人物脸部、精准控制物体颜色、无损放大图像、固定图像横纵比等。通过对本章的学习，读者能够更好地掌握 Stable Diffusion 扩展插件的使用技巧。

课后习题

鉴于本章知识的重要性，为了帮助读者更好地掌握所学知识，本节将通过课后习题，帮助读者进行简单的知识回顾和补充。

扫码看教学视频

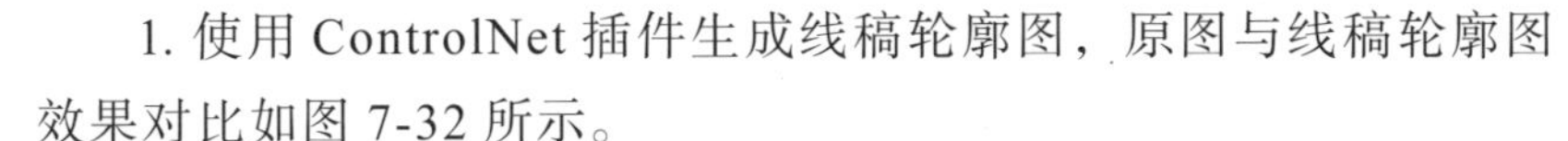

1. 使用 ControlNet 插件生成线稿轮廓图，原图与线稿轮廓图效果对比如图 7-32 所示。

图 7-32　原图与线稿轮廓图效果对比

2. 使用 Stable Diffusion 生成横纵比为 3∶2 的图像，效果如图 7-33 所示。

扫码看教学视频

图 7-33　横纵比为 3∶2 的图像效果

第 8 章

10 个网页版 SD 使用技巧，轻松实现 AI 绘图

随着人工智能技术的不断发展，使用 AI 生成图像已经变得越来越普遍，同时也有很多平台推出了网页版的 Stable Diffusion，能够帮助用户轻松实现 AI 绘图。本章主要以 LiblibAI 平台推出的在线版 Stable Diffusion 为例，介绍网页版 SD 的使用技巧。

8.1 掌握网页版 Stable Diffusion 的绘图功能

LiblibAI 在线版 Stable Diffusion 的操作界面与原版 Stable Diffusion 基本一致，用户可以使用文生图、图生图、后期处理等功能，本节将介绍具体的操作方法。

8.1.1 【实战】：使用“文生图”功能绘图

扫码看教学视频

通过使用在线版 Stable Diffusion 的“文生图”功能，用户可以通过输入一些提示词，让 AI 生成一张与输入信息相关的图片，具体操作方法如下。

步骤 01 进入 LiblibAI 主页，单击右上角的“在线 Stable Diffusion”按钮，如图 8-1 所示。

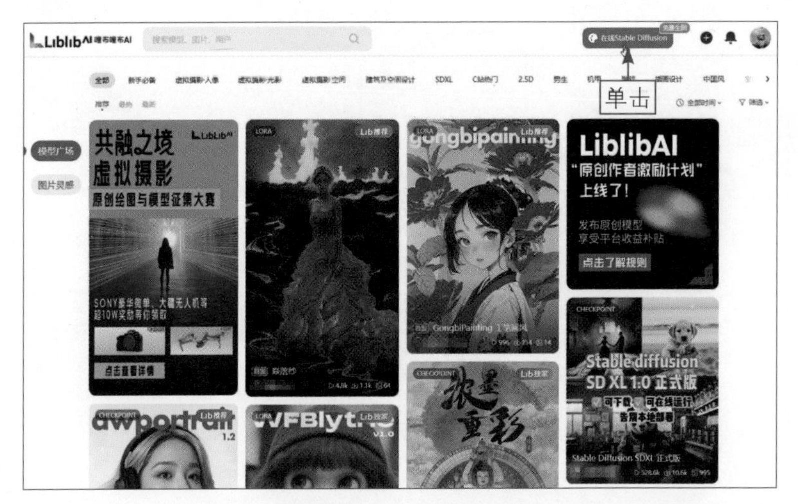

图 8-1 单击“在线 Stable Diffusion”按钮

步骤 02 进入 LiblibAI 的“文生图”页面，选择一个写实类的大模型（用户可以提前将其加入模型库），输入相应的提示词，如图 8-2 所示。

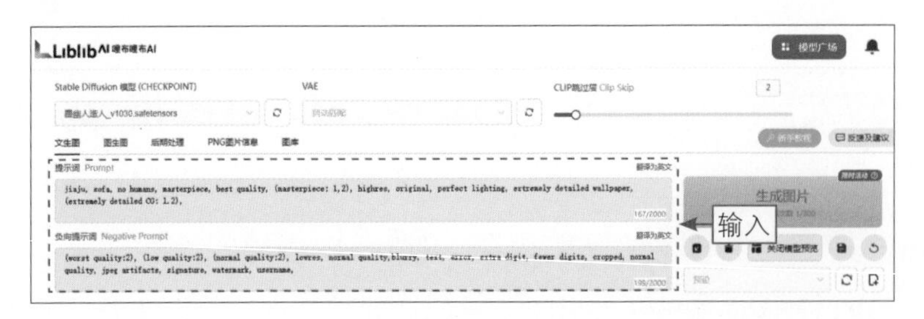

图 8-2 输入相应的提示词

步骤 03 单击“打开模型预览”按钮展开模型预览区，在 Lora 选项卡中选择相应的 Lora 模型，并在页面下方设置合适的采样方法和出图尺寸参数，如图 8-3 所示。

图 8-3　设置相应的参数

步骤 04 单击“生成图片”按钮，即可生成相应的图像，效果如图 8-4 所示。

图 8-4　生成相应的图像

【技巧总结】：将模型添加到自己的模型库

用户可以在 LiblibAI 的“模型广场”页面中选择自己喜欢的模型，进入模型的详情页面后，单击“加入模型库”按钮，如图 8-5 所示，即可将其添加到自己的模型库中。这样，当用户在使用在线版 Stable Diffusion 绘图时，即可在“Stable Diffusion 模型（CHECKPOINT）”下拉列表或 Lora 选项卡中选择该模型。

图 8-5　单击“加入模型库”按钮

8.1.2　【实战】：使用“图生图”功能绘图

扫码看教学视频

在使用“图生图”功能绘图时，无须专业技能和经验，只需提供一张图片作为参考图像，并设置一些生成参数，即可自动生成一幅数字图像作品，具体操作方法如下。

步骤 01 进入在线版 Stable Diffusion 中的“图生图”页面，上传一张原图，选择一个写实类的大模型，输入相应的提示词，如图 8-6 所示。

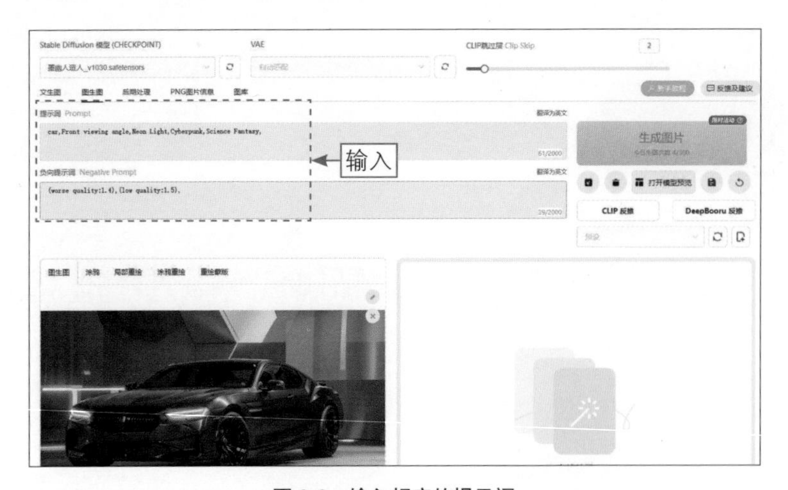

图 8-6　输入相应的提示词

步骤 02 在页面下方的“图生图”选项卡中，设置与原图一致的尺寸参数，并将“重绘幅度”设置为 0.5，尽量保持原图的风格，如图 8-7 所示。

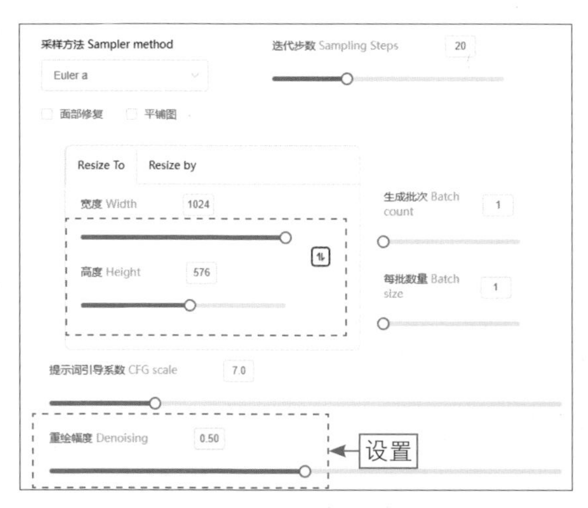

图 8-7　设置相应的参数

步骤 03 单击“生成图片”按钮，即可生成与原图风格极其类似的图像，效果如图 8-8 所示。

图 8-8　生成与原图风格极其类似的图像

8.1.3　【实战】：使用“涂鸦”功能绘图

扫码看教学视频

使用在线版 Stable Diffusion 中的“涂鸦”功能，可以在图像中进行局部绘图，丰富画面的细节元素，具体操作方法如下。

步骤 01 在“图生图”页面中切换至“涂鸦”选项卡，上传一张原图，在人物脸部涂抹出一个口罩形状的蒙版，如图 8-9 所示。

步骤 02 设置“采样方法（Sampler method）”为 DPM++ 2S a Karras、“生成批次（Batch count）”为 2、“重绘幅度（Denoising）”为 0.7，采用写实类的绘画风格，提升 AI 的自由创作力度，如图 8-10 所示。

图 8-9　涂抹出蒙版

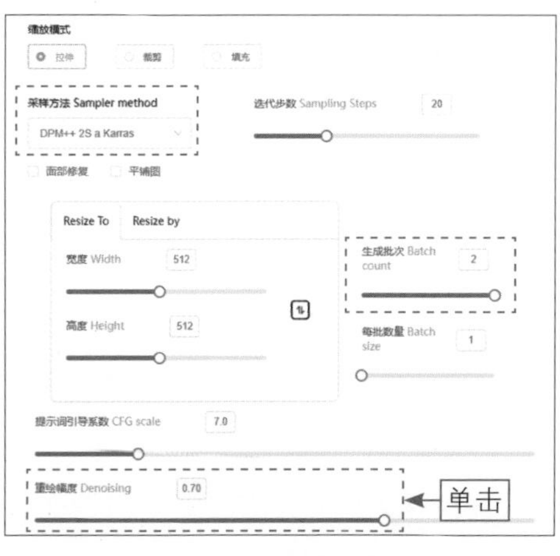

图 8-10　设置相应参数

步骤 03 在“提示词”输入框中输入 mask（口罩），单击“生成图片”按钮，即可在人物脸部生成一个口罩图像，效果如图 8-11 所示。

图 8-11　在人物脸部生成一个口罩图像

8.1.4　【实战】：使用“局部重绘”功能绘图

扫码看教学视频

“局部重绘”是一种在 AI 绘图应用中常见的功能，它允许用户只对图像的特定部分进行重新绘制，而保留其他部分的原始内容，具体操作方法如下。

步骤 01 在“图生图”页面中切换至“局部重绘”选项卡，上传一张原图，在灯具上涂抹出蒙版，如图 8-12 所示。

步骤 02 设置“采样方法（Sampler method）”为 DPM++ 2S a Karras、“重绘幅度（Denoising）”为 0.8，并将尺寸设置为与原图一致，采用写实类的绘画风格，同时提升 AI 的自由创作力度，如图 8-13 所示。

图 8-12　涂抹出蒙版

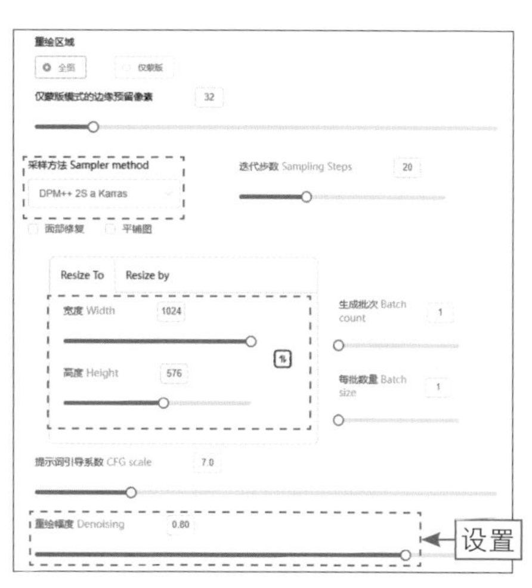

图 8-13　设置相应参数

步骤 03 在“提示词”输入框中输入 lamps and lanterns（灯具），单击“生成图片”按钮，即可更换图像中的灯具，效果如图 8-14 所示。

图 8-14　更换图像中的灯具

8.1.5 【实战】：放大图像

扫码看教学视频

LiblibAI 的在线版 Stable Diffusion 同样也有“后期处理”功能，可以根据用户给定的比例因子对生成图像的大小进行调整，从而改变 AI 生成图像的尺寸，以适应不同的应用需求，具体操作方法如下。

步骤 01 进入“后期处理”页面，上传一张原图，如图 8-15 所示。

步骤 02 在页面下方的 scale by（按比例缩放）选项卡中，设置 Resize（缩放比例）为 2，并将 Upscaler 1 设置为 R_ESRGAN_4X（放大算法），让放大后的图像更偏写实效果，如图 8-16 所示。

图 8-15　上传一张原图

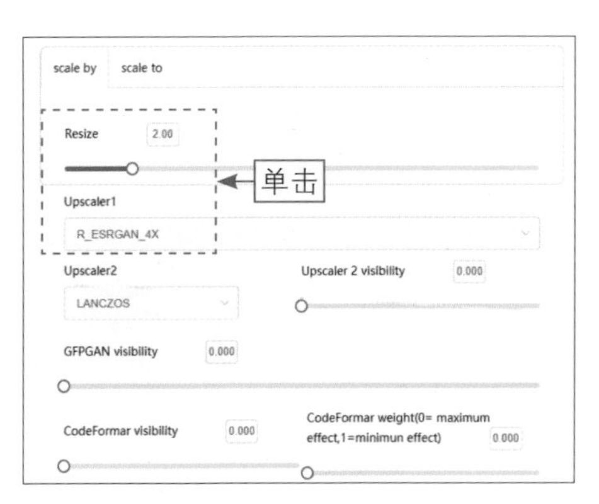

图 8-16　设置相应的参数

步骤 03 单击“生成图片”按钮，即可将原图放大两倍，效果如图 8-17 所示。

图 8-17　将原图放大两倍效果

8.2　掌握网页版 Stable Diffusion 的高级设置

本节将向用户介绍如何充分利用网页版 Stable Diffusion 的高级设置，通过掌握这些技巧和方法，用户将能够更好地发挥网页版 Stable Diffusion 的潜力，以实现更加精细的图像控制和更高质量的效果输出。

8.2.1　【实战】：切换主模型

扫码看教学视频

在 LiblibAI 的在线版 Stable Diffusion 中，用户无须下载主模型，可以直接在网页中添加、收藏和删除主模型，而且切换主模型时几乎无须等待，从而更快地绘制出不同类型的图像效果。下面介绍切换主模型的操作方法。

步骤 01 进入“文生图”页面，选择一个默认的主模型，输入相应的提示词，其他参数均保持默认，单击“生成图片”按钮，即可生成相应的图像，如图 8-18 所示。

图 8-18　使用默认的主模型生成图像

★ 专家提醒 ★

在 LiblibAI 网站中打开相应的图片详情页，用户可以单击“在线生成”按钮，一键填充所有的图片生成参数，包括主模型、提示词、迭代步数、尺寸等，从而快速生成同款图像效果。

步骤 02 在“Stable Diffusion 模型（CHECKPOINT）”下拉列表框中，选择一个写实类的主模型，单击模型名称右侧的✿图标，即可收藏该模型，如图 8-19

所示。

步骤03 单击“星标模型”标签切换至该选项卡，即可看到收藏的模型，选择相应的主模型，如图 8-20 所示。

图 8-19　收藏相应的主模型

图 8-20　选择相应的主模型

步骤04 在页面下方将“采样方法（Sampler method）”设置为 DPM++ 2M Karras，让画面偏写实摄影风格，单击“生成图片”按钮，即可使用切换后的主模型生成相应的图像，两次生成的图像效果对比如图 8-21 所示。可以看到，默认模型生成的人像比较模糊，而且细节有瑕疵，而切换后的主模型生成的图像则更加精细、逼真。

图 8-21　不同主模型生成的图像效果对比

8.2.2 【实战】：配置 VAE 模型

扫码看教学视频

LiblibAI 的在线版 Stable Diffusion 同样支持 VAE 模型的配置，有

助于用户提升 AI 绘图的精美度，具体操作方法如下。

步骤 01 进入“文生图”页面，选择一个写实类的主模型，输入相应的提示词并设置其他的生成参数，在 VAE 下拉列表中选择相应的 VAE 模型，如图 8-22 所示。

图 8-22　选择相应的 VAE 模型

步骤 02 单击“生成图片”按钮，即可生成相应的图像。在 VAE 模型的作用下，可以让图片看起来不那么灰蒙蒙的，同时色彩会更加鲜艳，效果如图 8-23 所示。

图 8-23　配置 VAE 模型生成的图像效果

8.2.3 【实战】：配置 Lora 模型

扫码看教学视频

Lora 可以理解为主模型的一个插件，它可以在不修改主模型的前提下，利用少量数据训练出特定的画面风格或人物形象，以满足定制化需求。下面介绍在 Stable Diffusion 网页版中配置 Lora 模型的操作方法。

步骤 01 进入“文生图”页面，选择一个写实类的主模型，输入相应的提示词并设置其他的生成参数，单击“生成图片”按钮，生成相应的图像，如图 8-24 所示。

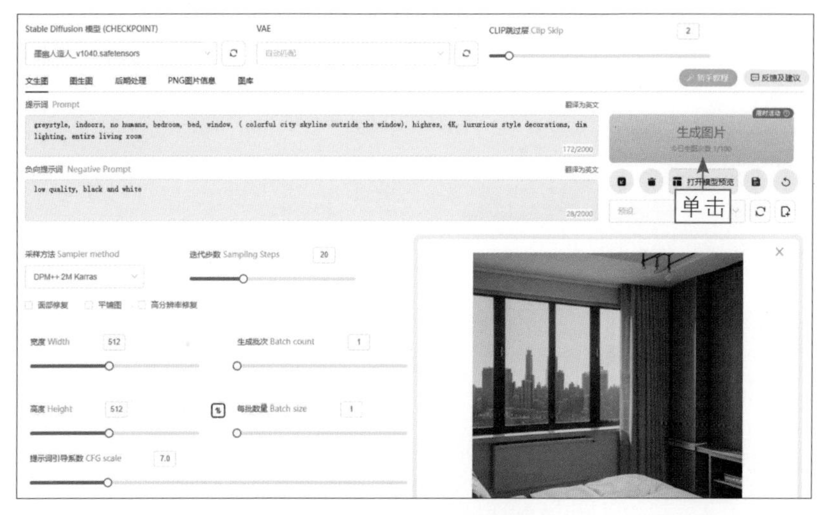

图 8-24　生成相应的图像

步骤 02 单击“打开模型预览”按钮展开模型预览区，在 Lora 选项卡中选择相应的 Lora 模型，并在正向提示词前面添加相应的 Lora 模型触发词，如图 8-25 所示。

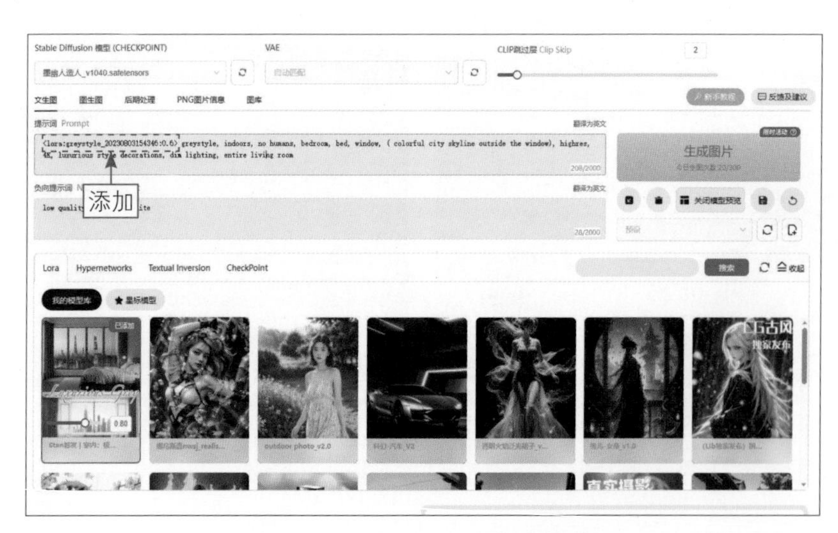

图 8-25　添加相应的 Lora 模型触发词

步骤 03 单击“生成图片”按钮，即可生成相应的图像，可以看到，配置Lora模型后的出图效果清晰度更高，而且画面中的细节元素更完整。配置Lora模型前后的出图效果对比如图8-26所示。

图8-26　配置Lora模型前后的出图效果对比

8.2.4 【实战】：使用ControlNET插件

扫码看教学视频

在LiblibAI的在线版Stable Diffusion中，集成了Lora和ControlNet这两个Stable Diffusion中最重要的功能。Lora负责把想要的画面“主体”或“场景”炼制成模型，而ControlNet则负责更好地控制这个模型的出图效果或画面的内容。下面介绍使用ControlNet插件的操作方法。

步骤 01 进入“文生图”页面，选择一个写实类的主模型，输入相应的提示词并设置其他的生成参数，如图8-27所示。

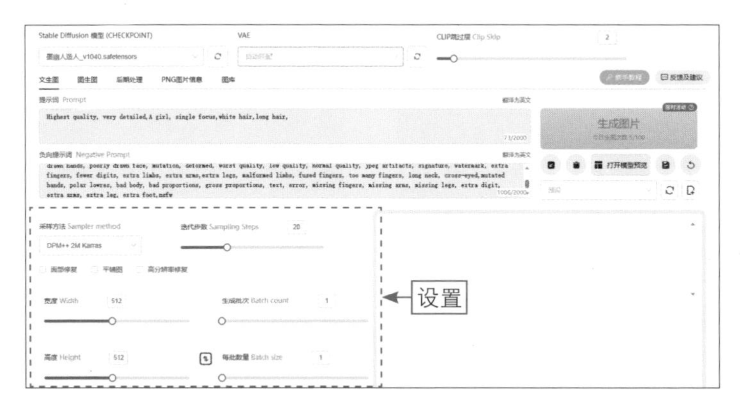

图8-27　设置相应的生成参数

步骤02 在页面下方展开ControlNet插件选项区，上传一张原图，作为控制人物姿势的参考图像，如图8-28所示。

步骤03 选中“启用”和“允许预览”复选框，启用ControlNet插件。在“预处理器（preprocessor）”下拉列表框中选择“openpose（OpenPose姿态）”选项，让生成出来的人物摆出原图中的人物姿势，如图8-29所示。

图8-28　上传一张原图

图8-29　选择“openpose（OpenPose姿态）”选项

步骤04 单击Run preprocessor按钮，即可识别人物动作，原图中的人物姿势被提取成了一个“火柴人”，其中的小圆点就是人体重要关节的节点，如图8-30所示。

步骤05 单击“生成图片”按钮，即可生成相应的图像，可以看到原图中的人物姿势几乎完全复刻出来了，效果如图8-31所示。

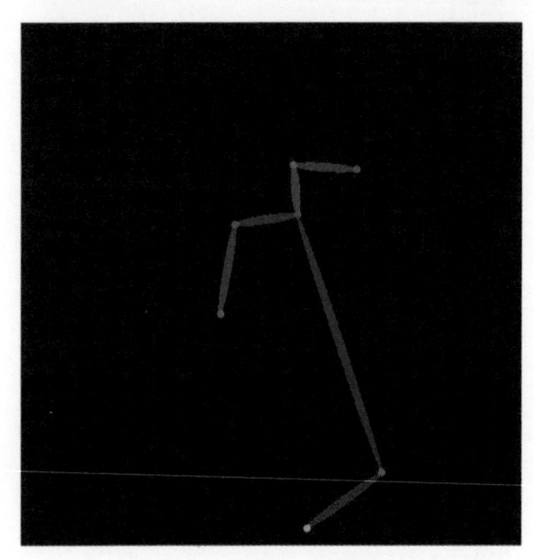

图8-30　识别人物动作

图8-31　生成相应的图像

8.2.5　【实战】：查看 PNG 图片信息

扫码看教学视频

查看 PNG 图片信息是 Stable Diffusion 中读取图像生成参数的功能，是一个非常实用且常用的功能。下面介绍查看 PNG 图片信息的操作方法。

步骤 01 进入“PNG 图片信息”页面，将原图拖至 image（图像）选项区中，即可自动读取该图片的生成参数信息并显示在页面右侧，如图 8-32 所示。

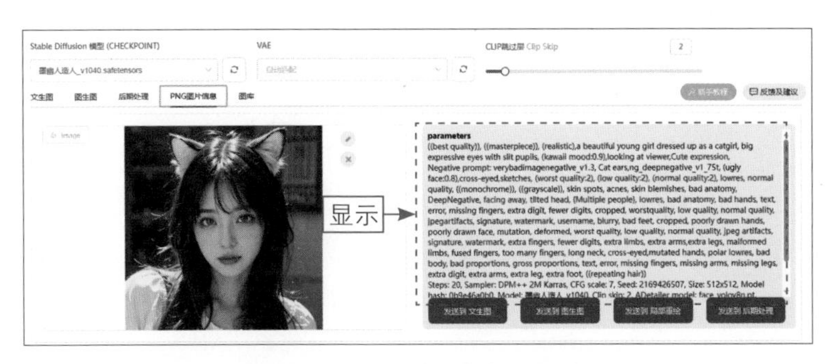

图 8-32　显示图片的生成参数信息

步骤 02 单击“发送到文生图”按钮，进入“文生图”页面，会自动填入原图的提示词和生成参数等信息。单击“生成图片”按钮，即可以原图的生成参数信息生成相应的图像，效果如图 8-33 所示。

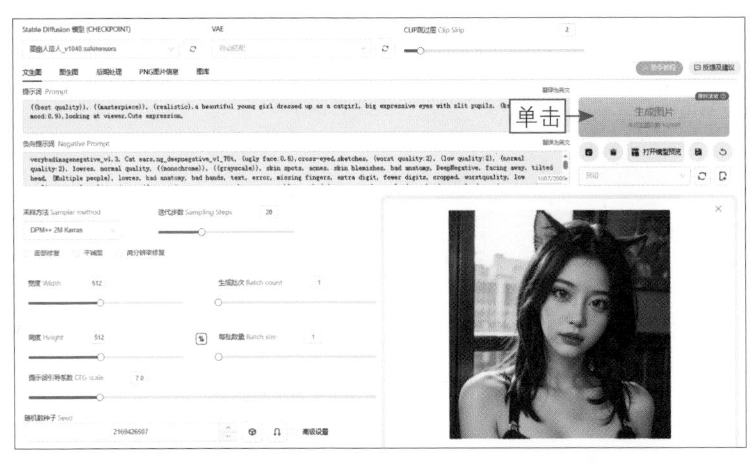

图 8-33　以原图的生成参数信息生成相应的图像

【技巧总结】：查看 PNG 图片信息的注意事项和主要内容

在“查看 PNG 图片信息”页面中，只有上传用 Stable Diffusion 生成的图片，页面右侧才会显示对应的生成参数信息。如果上传的图片不是由 Stable Diffusion

生成的，或者图片被重新编辑和保存过，则可能无法读取到对应的生成参数信息。

图片生成参数信息的主要内容包括：正向提示词、反向提示词、Steps、Sampler、CFG Scale、Seed、Size（大小）、Model（大模型、Lora模型）、CLIP（语言与图像的对比预训练）终止层数。

本章小结

本章主要向读者介绍了网页版Stable Diffusion的相关知识，如使用“文生图”功能绘图、使用“图生图”功能绘图、使用“涂鸦”功能绘图、使用“局部重绘”功能绘图、放大图像、切换主模型、配置VAE模型、配置Lora模型、使用ControlNET插件、查看PNG图片信息等。通过对本章的学习，读者能够更好地掌握网页版Stable Diffusion的使用技巧。

课后习题

鉴于本章知识的重要性，为了帮助读者更好地掌握所学知识，本节将通过课后习题，帮助读者进行简单的知识回顾和补充。

1. 使用网页版Stable Diffusion的“文生图”功能绘制一个卡通人物头像，效果如图8-34所示。

扫码看教学视频

图8-34　卡通人物头像效果

2. 在 Stable Diffusion 网页版中配置相应的 Lora 模型，绘制出科技感机甲美少女图像，效果如图 8-35 所示。

扫码看教学视频

图 8-35　科技感机甲美少女图像效果

第 9 章

8 个 SD 绘画案例，助你成为 AI 绘画高手

本章将通过 8 个 Stable Diffusion 绘画案例，帮助用户掌握这种先进的人工智能技术，成为 AI 绘画高手。通过这些案例，用户可以了解 Stable Diffusion 的基本原理和操作方法，掌握各种绘画风格和技术要点，从而生成高质量的 AI 绘画作品。

9.1 【案例】：真人转动漫头像

扫码看教学视频

本案例主要使用Stable Diffusion的“图生图”功能，将真人照片转换为二次元风格的动漫头像，原图和效果图对比如图9-1所示。

图9-1　原图和效果图对比

下面介绍真人转动漫头像的操作方法。

步骤01 进入“图生图”页面，上传一张原图，如图9-2所示。

步骤02 在页面上方的“Stable Diffusion模型”下拉列表中，选择一个二次元风格的大模型，如图9-3所示。

图9-2　上传一张原图

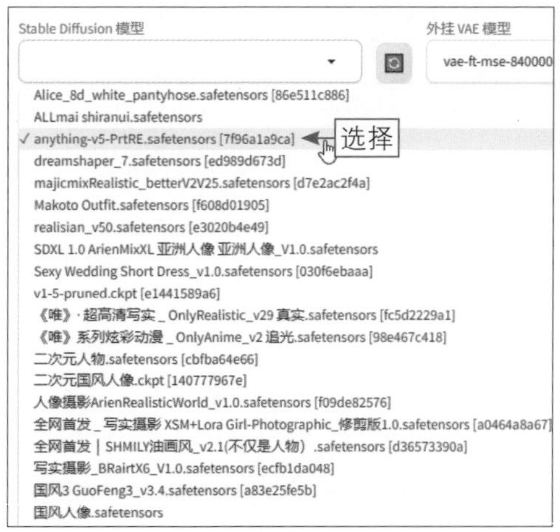

图9-3　选择二次元风格的大模型

步骤 03 在页面下方设置“迭代步数（Steps）”为 30、“采样方法（Sampler）”为 DPM++ SDE Karras，让图像细节更丰富、精细，如图 9-4 所示。

图 9-4　设置相应的参数

步骤 04 在页面下方选中“面部修复”复选框，并设置“重绘幅度”为 0.5，让新图更接近于原图，如图 9-5 所示。

图 9-5　设置“重绘幅度”参数

步骤 05 在页面上方输入相应的反向提示词，避免产生低画质效果，单击“生成”按钮，如图 9-6 所示，即可将真人照片转换为动漫头像。

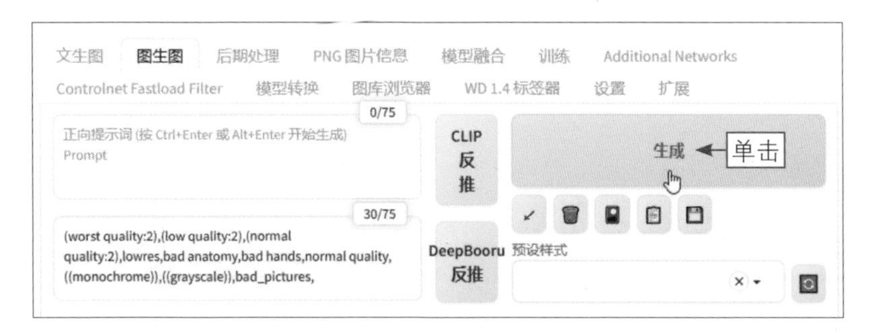

图 9-6　单击“生成”按钮

9.2 【案例】：生成油画风格作品

扫码看教学视频

本案例将向用户介绍如何使用 Stable Diffusion 生成油画效果，用户可以调整生成图像的风格和质感，使其更符合油画的特征，最终效果如图 9-7 所示。

图 9-7　最终效果

下面介绍生成油画风格作品的操作方法。

步骤 01 进入“文生图”页面，选择一个油画风格的大模型，如图 9-8 所示。

步骤 02 输入相应的正向提示词和反向提示词，描述画面的主体内容并排除某些特定的内容，如图 9-9 所示。

图 9-8　选择油画风格的大模型

图 9-9　输入相应的提示词

步骤 03 在页面下方设置“迭代步数（Steps）”为 36、“采样方法（Sampler）”为 DPM++ 2M Karras，让图像细节更丰富、精细，如图 9-10 所示。

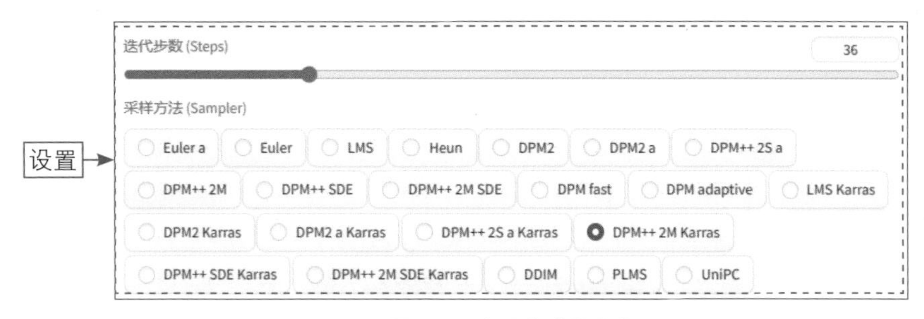

图 9-10　设置相应的参数

步骤 04 设置“总批次数”为 2、“提示词引导系数（CFG Scale）”为 4，一次同时生成两张图，并降低生成图像与提示词的关联性，选中“面部修复”复选框，提升人物脸部的绘画效果，如图 9-11 所示。

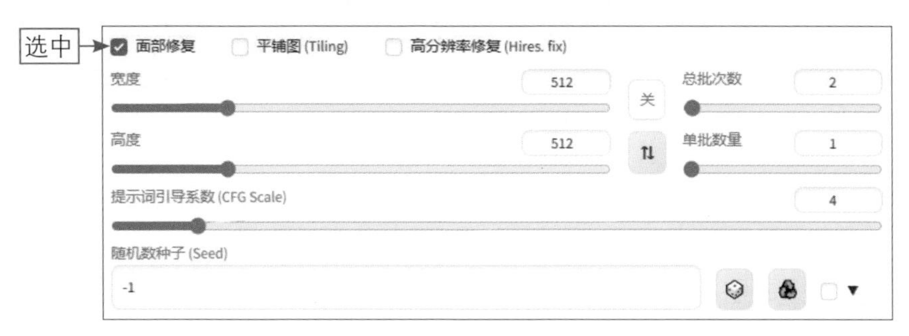

图 9-11　选中“面部修复”复选框

步骤 05 展开 ADetailer 插件选项区，选中“启用 After Detailer”复选框，设置“After Detailer 模型”为 hand_yolov8n.pt，对人物手部进行修复处理，如图 9-12 所示。单击“生成”按钮，即可生成相应的图像。

图 9-12　设置“After Detailer 模型”参数

9.3 【案例】：生成黑白线稿图

扫码看教学视频

本案例主要介绍使用 Stable Diffusion 生成只有线条轮廓的图像效果，适合用于插画、素描等艺术形式，最终效果如图 9-13 所示。

图 9-13　最终效果

下面介绍生成黑白线稿图的操作方法。

步骤 01 进入“文生图”页面，选择一个国风人像类的大模型，如图 9-14 所示。

步骤 02 输入相应的正向提示词和反向提示词，描述画面的主体内容并排除某些特定的内容，如图 9-15 所示。

Stable Diffusion 模型　处理中 | 20.8/4.7s　外挂 VAE 模型
vae-ft-mse-840000
Alice_8d_white_pantyhose.safetensors [86e511c886]
ALLmai shiranui.safetensors
anything-v5-PrtRE.safetensors [7f96a1a9ca]
dreamshaper_7.safetensors [ed989d673d]
majicmixRealistic_betterV2V25.safetensors [d7e2ac2f4a]
Makoto Outfit.safetensors [f608d01905]
realisian_v50.safetensors [e3020b4e49]
SDXL 1.0 ArienMixXL 亚洲人像 亚洲人像_V1.0.safetensors
Sexy Wedding Short Dress_v1.0.safetensors [030f6ebaaa]
v1-5-pruned.ckpt [e1441589a6]
《唯》· 超高清写实 _ OnlyRealistic_v29 真实.safetensors [fc5d2229a1]
《唯》系列炫彩动漫 _ OnlyAnime_v2 追光.safetensors [98e467c418]
二次元人物.safetensors [cbfba64e66]
二次元国风人像.ckpt [140777967e]
人像摄影ArienRealisticWorld_v1.0.safetensors [f09de82576]
全网首发 _ 写实摄影 XSM+Lora Girl-Photographic_修剪版1.0.safetensors [a0464a8a67]
全网首发 | SHMILY油画风_v2.1(不仅是人物) .safetensors [d36573390a]
写实摄影_BRairtX6_V1.0.safetensors [ecfb1da048]
✓ 国风3 GuoFeng3_v3.4.safetensors [a83e25fe5b]
选择
国风人像.safetensors
国风人像写实摄影.ckpt [dc4447f081]
墨幽人造人_v1040.safetensors [0b9e46a0b0]

图 9-14　选择国风人像类的大模型

图 9-15　输入相应的提示词

步骤 03 在“生成”按钮的下方，单击“显示/隐藏扩展模型”按钮，显示扩展模型，切换至 Lora 选项卡，选择相应的线稿 Lora 模型，如图 9-16 所示。

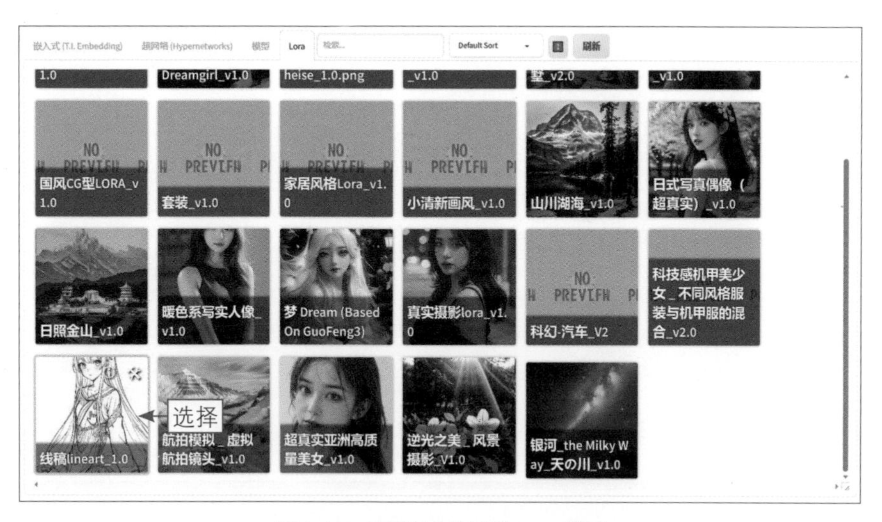

图 9-16　选择相应的线稿 Lora 模型

步骤 04 执行操作后，即可在正向提示词的后面添加 Lora 模型参数，并将权重设置为 0.6，降低 Lora 模型的权重，如图 9-17 所示。

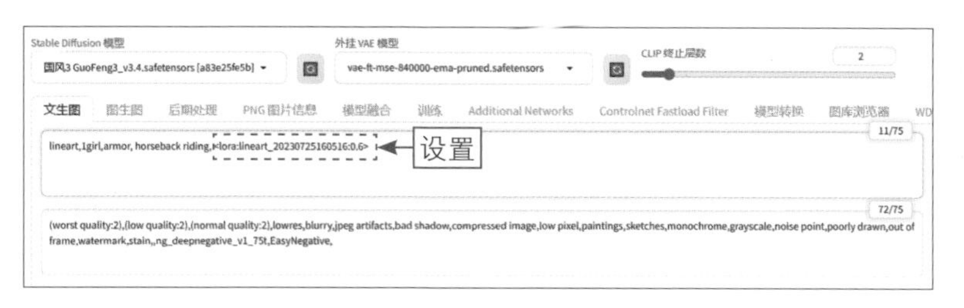

图 9-17　设置 Lora 模型的权重

步骤 05 在页面下方设置“迭代步数（Steps）”为 28，让图像细节更丰富、精细，如图 9-18 所示。

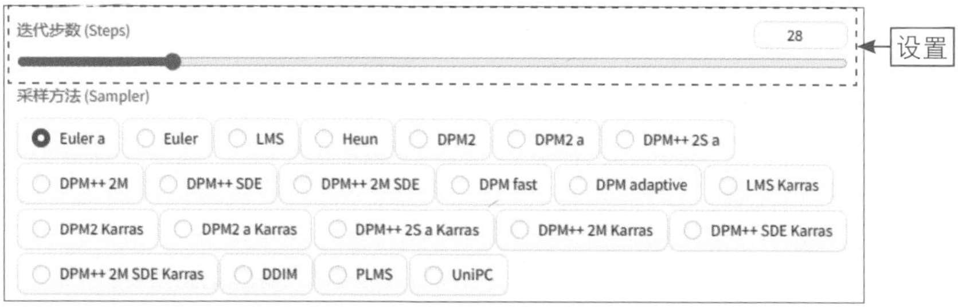

迭代步数 (Steps)　28　设置

采样方法 (Sampler)

Euler a　Euler　LMS　Heun　DPM2　DPM2 a　DPM++ 2S a　DPM++ 2M　DPM++ SDE　DPM++ 2M SDE　DPM fast　DPM adaptive　LMS Karras　DPM2 Karras　DPM2 a Karras　DPM++ 2S a Karras　DPM++ 2M Karras　DPM++ SDE Karras　DPM++ 2M SDE Karras　DDIM　PLMS　UniPC

图 9-18　设置“迭代步数（Steps）”参数

步骤06 设置“宽度”和“高度”均为768，扩大图像的尺寸，如图9-19所示。多次单击“生成”按钮，即可生成黑白线稿图。

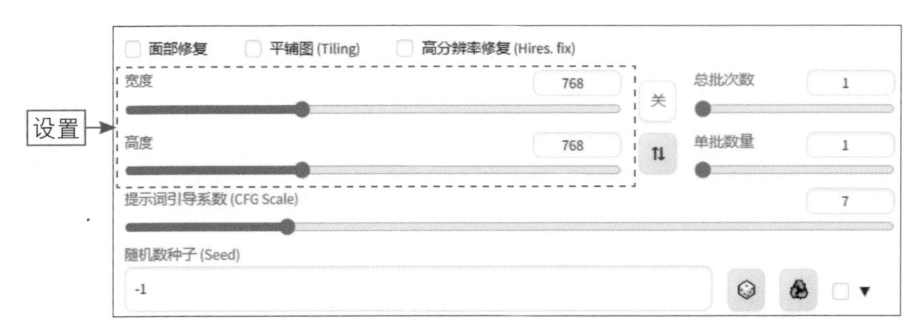

图9-19 设置“宽度”和“高度”参数

9.4 【案例】：给线稿图上色

扫码看教学视频

本案例主要介绍如何使用Stable Diffusion给线稿图上色，将一幅只有线条轮廓的图像转变为色彩鲜艳、细节丰富的艺术作品，原图和效果图对比如图9-20所示。

图9-20 原图与效果图对比

下面介绍给线稿图上色的操作方法。

步骤01 进入“文生图”页面，在“Stable Diffusion模型”下拉列表中选择一个二次元国风人像类的大模型，如图9-21所示。

步骤 02 输入相应的正向提示词和反向提示词，描述画面的主体内容并排除某些特定的内容，如图 9-22 所示。

图 9-21　选择二次元国风人像类的大模型

图 9-22　输入相应的提示词

步骤 03 在页面下方设置“采样方法（Sampler）”为 DPM++ 2M Karras、“宽度”为 450、“高度”为 675、“提示词引导系数（CFG Scale）”为 7.5，调整画面的尺寸，并提升图像效果的真实感，如图 9-23 所示。

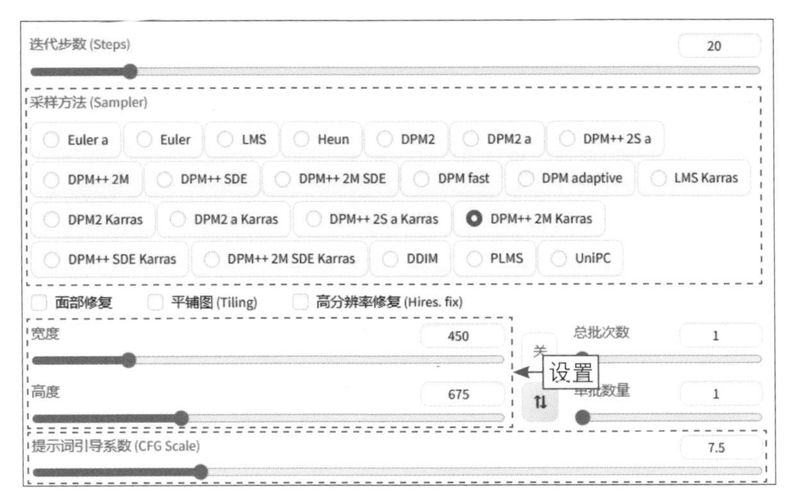

图 9-23　设置相应的参数

★ 专家提醒 ★

DPM++ 2M Karras 采样方法适合大部分 AI 绘画场景，因为它在适配提示词、画面色彩及采样宽容性上的表现非常好。

步骤 04 展开 ControlNet 插件选项区，上传一张原图，并选中“启用”和“允许预览”复选框，如图 9-24 所示。

图 9-24 选中“启用”和“允许预览”复选框

步骤 05 在页面下方的“控制类型”选项区中，选中“Lineart（线稿）”单选按钮，单击 Run preprocessor 按钮，如图 9-25 所示。

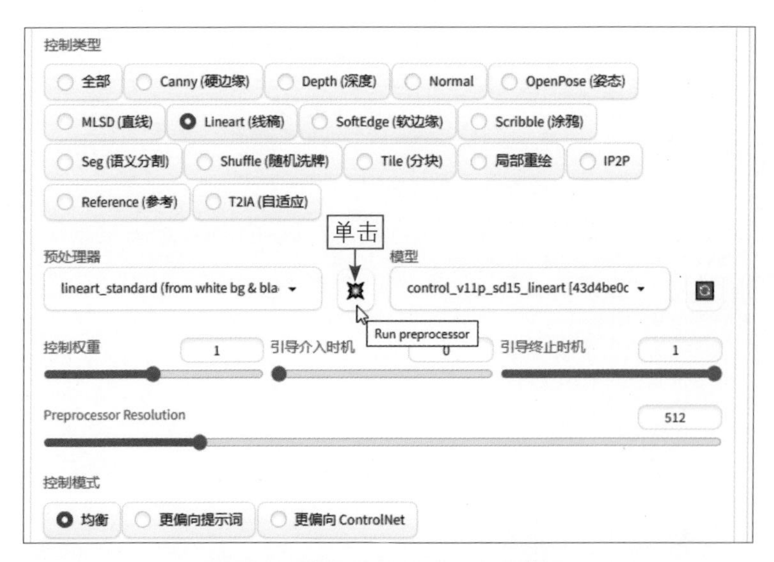

图 9-25 单击 Run preprocessor 按钮

步骤 06 执行操作后，即可生成相应的线稿轮廓图，效果如图 9-26 所示。单击“生成”按钮，即可自动给线稿图上色。

图 9-26　生成相应的线稿轮廓图效果

9.5 【案例】：生成航拍摄影照片

扫码看教学视频

本案例主要介绍如何使用 Stable Diffusion 生成航拍摄影照片，模拟出无人机的拍摄效果，让画面获得独特的视角和景观，效果如图 9-27 所示。

图 9-27　最终效果

下面介绍生成航拍摄影照片的操作方法。

步骤 01 进入“文生图”页面，选择一个写实类的大模型，如图 9-28 所示。

步骤 02 输入相应的正向提示词和反向提示词，描述画面的主体内容并排除某些特定的内容。注意，需要在正向提示词中加入触发词 aerial photography（航空摄影），如图 9-29 所示。

图 9-28　选择写实类的大模型

图 9-29　输入相应的提示词

步骤 03 在“生成”按钮的下方，单击“显示 / 隐藏扩展模型”按钮，显示扩展模型，切换至 Lora 选项卡，选择相应的航拍 Lora 模型，如图 9-30 所示，即可在正向提示词的后面添加 Lora 模型参数。

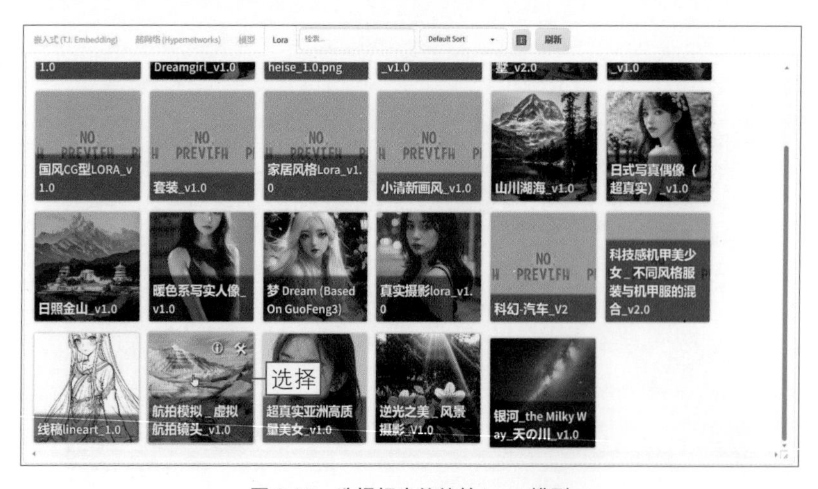

图 9-30　选择相应的航拍 Lora 模型

步骤 04 在页面下方设置“迭代步数（Steps）”为 30、“采样方法（Sampler）”为 DPM++ 2M SDE Karras、“宽度”为 1024、“高度”为 768，将图像调整为横图，并提升图像效果的真实感，如图 9-31 所示。单击“生成”按钮，即可生成相应的航拍照片。

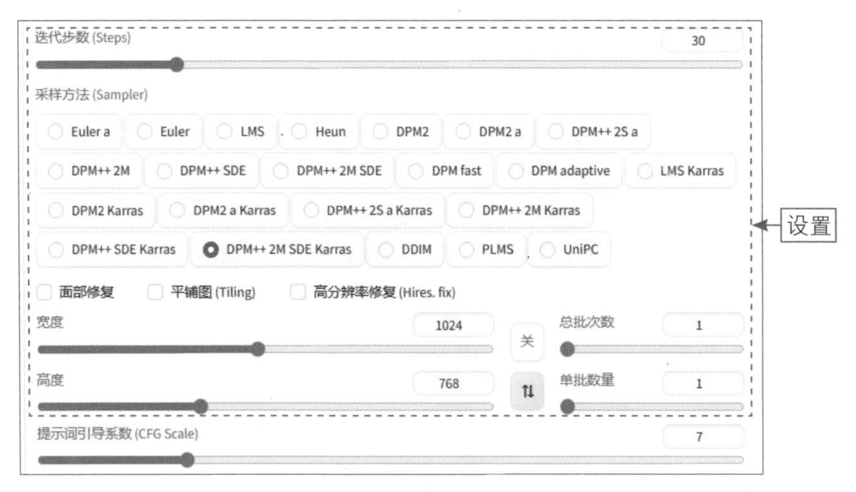

图 9-31　设置相应的参数

9.6 【案例】：生成写实人像照片

扫码看教学视频

本案例主要介绍如何使用 Stable Diffusion 生成写实人像照片，能够让 AI 摄影作品展现出更真实的画面感，效果如图 9-32 所示。

图 9-32　最终效果

下面介绍生成写实人像照片的操作方法。

步骤 01 进入“文生图”页面，选择一个人像摄影类的大模型，如图 9-33 所示。

步骤 02 输入相应的正向提示词和反向提示词，描述画面的主体内容并排除某些特定的内容，增强 AI 模型生成的人像摄影作品的真实效果，如图 9-34 所示。

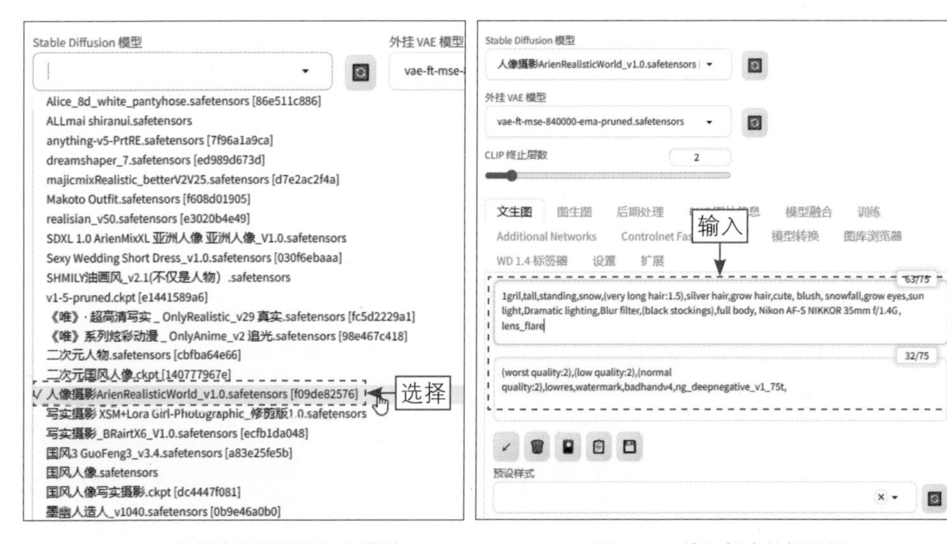

图 9-33　选择人像摄影类的大模型　　　　图 9-34　输入相应的提示词

步骤 03 在页面下方选中“面部修复”复选框，并设置“迭代步数（Steps）”为 30、“采样方法（Sampler）”为 DDIM、“宽度”为 512、“高度”为 768，将图像调整为竖图，提升图像效果的真实感和人物脸部的绘画效果，如图 9-35 所示。

图 9-35　设置相应的参数

步骤 04 单击“生成”按钮，即可生成相应的写实人像照片效果，单击“发送到后期处理”按钮，如图 9-36 所示。

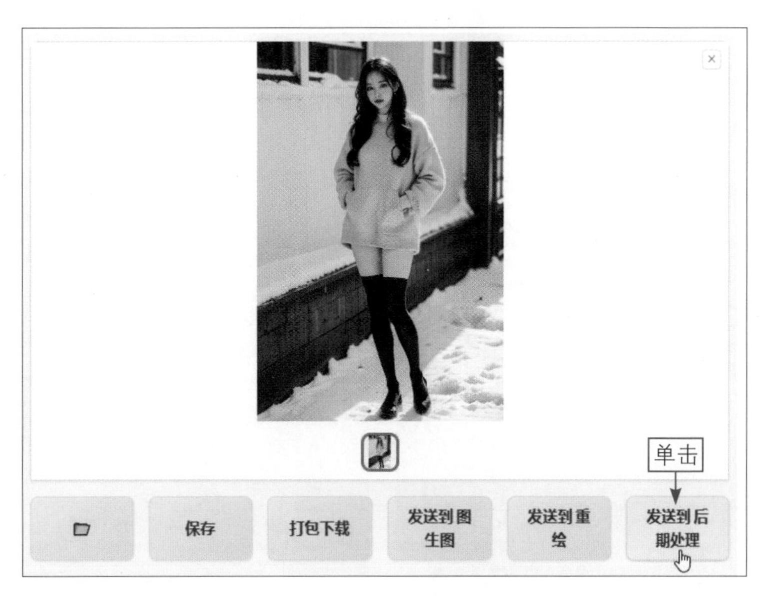

图 9-36　单击“发送到后期处理”按钮

步骤 05 执行操作后，进入“后期处理”页面，设置“缩放比例”为 4、Upscaler 1 为 R-ESRGAN 4x+，单击“生成”按钮，如图 9-37 所示，即可使用写实类的放大算法将图像放大 4 倍。之后使用相同的操作方法，再生成一张写实人像照片。

图 9-37　单击“生成”按钮

9.7 【案例】：生成炫彩 3D 动漫作品

扫码看教学视频

本案例主要介绍如何使用 Stable Diffusion 生成炫彩 3D 动漫作品，呈现出奇幻、科幻、冒险等多样化的主题，并让画面具有独特的魅力，效果如图 9-38 所示。

图 9-38　最终效果

下面介绍生成炫彩 3D 动漫作品的操作方法。

步骤 01 进入“文生图”页面，选择一个动漫风格类的大模型，如图 9-39 所示。

步骤 02 输入相应的正向提示词和反向提示词，描述画面的主体内容并排除某些特定的内容，利用通用起手式提示词增强画面质量，如图 9-40 所示。

步骤 03 在页面下方设置“迭代步数（Steps）”为 30、“采样方法（Sampler）”为 DPM++ 2M Karras、“宽度”为 512、“高度”为 768，将图像调整为竖图，并提升图像效果的真实感，如图 9-41 所示。多次单击“生成”按钮，即可生成相应的 3D 动漫图像效果。

图 9-39　选择动漫风格类的大模型

图 9-40　输入相应的提示词

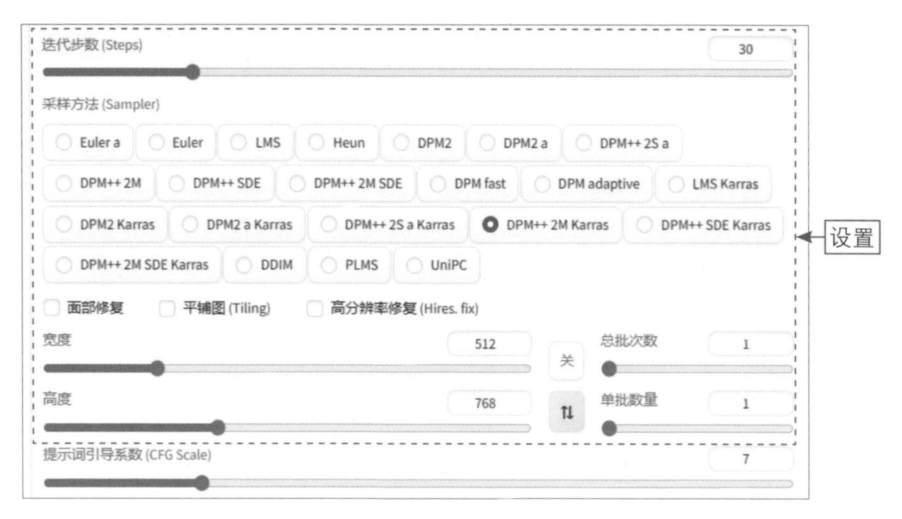

图 9-41　设置相应的参数

9.8 【案例】：生成小清新风格的漫画作品

扫码看教学视频

本案例主要介绍如何使用 Stable Diffusion 生成小清新风格的漫画作品，以简单、清新、可爱的画风为特点，充满青春和活力的氛围，效果如图 9-42 所示。

图 9-42　最终效果

下面介绍生成小清新风格的漫画作品的操作方法。

步骤 01 进入“文生图”页面，选择一个二次元风格的大模型，如图 9-43 所示。

步骤 02 输入相应的正向提示词和反向提示词，描述画面的主体内容并排除某些特定的内容，加入小清新风格的画面元素，同时在正向提示词后面添加小清新画风的 Lora 模型参数，如图 9-44 所示。

图 9-43　选择二次元风格的大模型

图 9-44　输入相应的提示词

步骤 03 在页面下方设置“迭代步数（Steps）”为30、“采样方法（Sampler）”为DPM++ SDE Karras、“宽度”为512、“高度”为768，将图像调整为竖图，并提升图像效果的精细度，如图9-45所示。多次单击“生成”按钮，即可生成小清新风格的漫画图像效果。

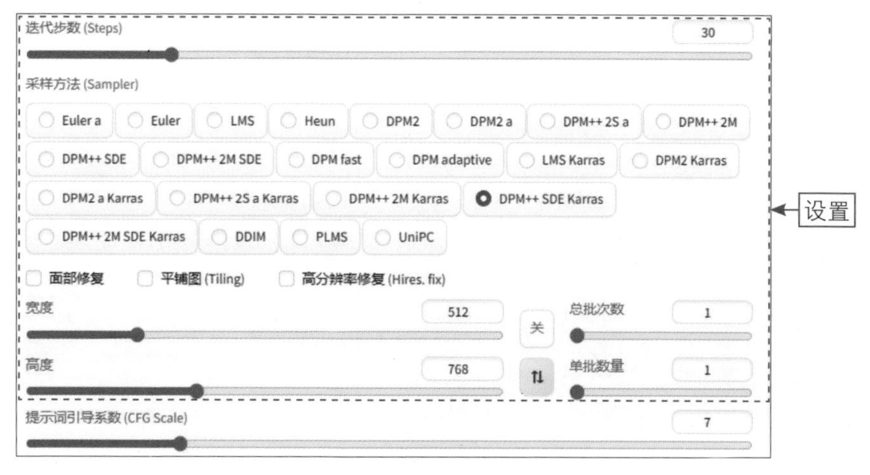

图9-45　设置相应的参数

第 10 章

8 个 SD 商业案例，教你画出专业的 AI 作品

本章将通过 8 个 Stable Diffusion 商业绘画案例，向用户介绍如何使用 Stable Diffusion 生成专业级的 AI 作品。这些案例涵盖了不同的行业和应用领域，包括艺术、设计、广告、电商等，能够帮助大家在商业领域中获得更多成功的机会。

10.1 【案例】：生成创意商业插画

扫码看教学视频

本案例主要介绍如何使用 Stable Diffusion 生成创意商业插画，通过视觉形象传达特定的信息和情感，吸引受众的注意并留下深刻印象，最终效果如图 10-1 所示。

图 10-1　最终效果

下面介绍生成创意商业插画的操作方法。

步骤 01 进入"文生图"页面，选择一个偏写实类的大模型，输入相应的正向提示词和反向提示词，描述画面的主体内容并排除某些特定的内容，如图 10-2 所示。

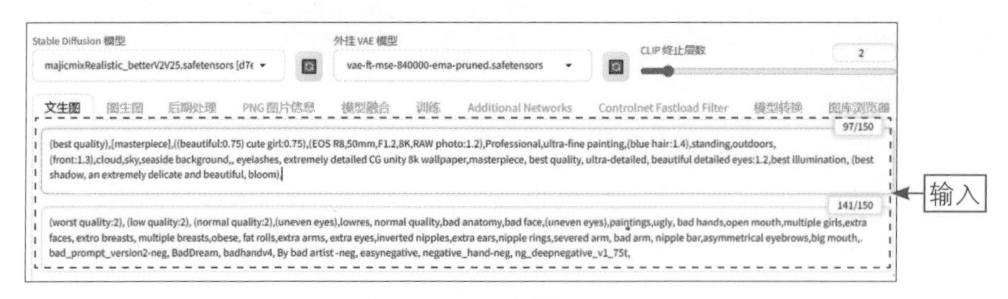

图 10-2　输入相应的提示词

步骤 02 在"生成"按钮的下方，单击"显示 / 隐藏扩展模型"按钮，显示扩展模型，切换至 Lora 选项卡，选择相应的 Lora 模型，如图 10-3 所示，即可在正向提示词的后面添加 Lora 模型参数，用于控制图像的画风。

图 10-3　选择相应的 Lora 模型

步骤 03 在页面下方设置“迭代步数（Steps）”为 25、“采样方法（Sampler）”为 DPM++ 2M Karras、“宽度”为 512、“高度”为 768，让图像细节更丰富、精细，选中“面部修复”复选框，提升人物的面部绘画效果，如图 10-4 所示。单击“生成”按钮，即可生成相应的图像。

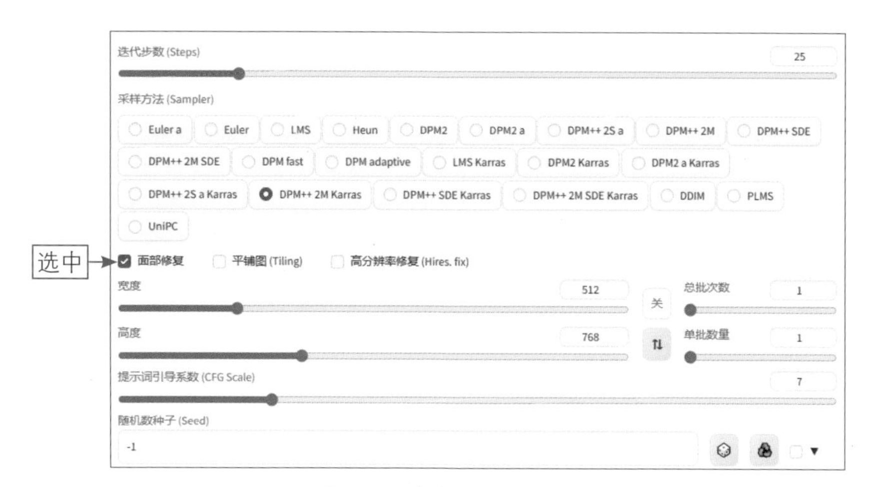

图 10-4　选中“面部修复”复选框

10.2 【案例】：制作酷炫二维码

扫码看教学视频

传统的黑白二维码显得有些单调乏味，无法满足大众的个性化审美需求。本案例主要介绍如何使用 Stable Diffusion 制作出酷炫的二维码效果，让你的二维码在众多同类中快速脱颖而出，效果如图 10-5 所示。

图 10-5　最终效果

下面介绍制作酷炫二维码的操作方法。

步骤 01 进入“文生图”页面，选择一个写实类的大模型，输入相应的正向提示词和反向提示词，描述画面的主体内容并排除某些特定的内容，同时在其中添加了一个用于增强赛博朋克色调风格的 Lora 模型参数，如图 10-6 所示。

图 10-6　输入相应的提示词

步骤 02 在页面下方设置“迭代步数（Steps）”为 25、“采样方法（Sampler）”为 DPM++ 2M Karras、“提示词引导系数（CFG Scale）”为 20，让图像细节更丰富、精细，且 CFG Scale 值越高，二维码的格子变形越大，也就意味着二维码隐藏得更自然一些，如图 10-7 所示。

步骤 03 展开 ControlNet 插件选项区，在 ControlNet Unit 0 选项卡中上传一张二维码原图，如图 10-8 所示。

步骤 04 在页面下方选中“启用”和“完美像素模式”复选框，在“控制类型”选项区中选中“局部重绘”单选按钮，选择合适的预处理器和模型，并设置“控制权重”为 0.35，调节画面的有效性和美观度，如图 10-9 所示。

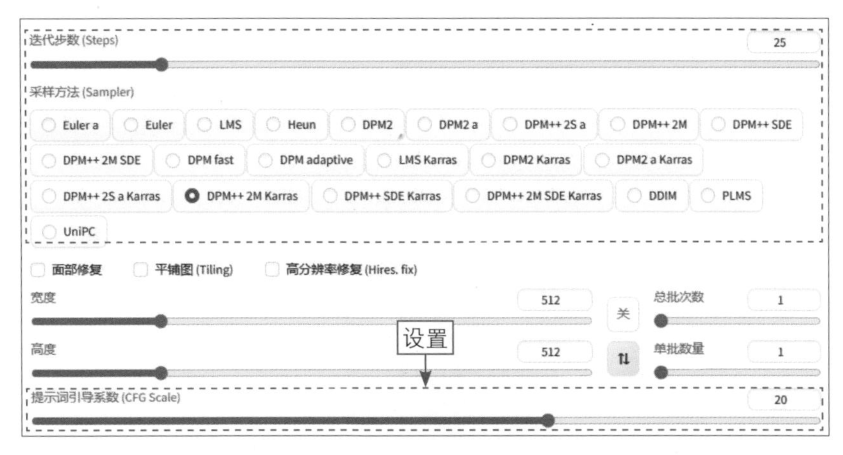

图 10-7　设置相应的参数

图 10-8　上传一张二维码原图

启用　低显存模式　完美像素模式　允许预览

控制类型

全部　Canny (硬边缘)　Depth (深度)　Normal　OpenPose (姿态)　MLSD (直线)

Lineart (线稿)　SoftEdge (软边缘)　Scribble (涂鸦)　Seg (语义分割)　Shuffle (随机洗牌)

Tile (分块)　局部重绘　IP2P　Reference (参考)　T2IA (自适应)

预处理器　inpaint_global_harmonious

模型　control_v1p_sd15_brightness [5f6aa6ed]

设置

控制权重　0.35　引导介入时机　0　引导终止时机　1

图 10-9　设置 ControlNet Unit 0 的参数

步骤05 在ControlNet插件选项区中，切换至ControlNet Unit 1选项卡，再次上传相同的二维码原图，如图10-10所示。

图10-10 上传一张二维码原图

步骤06 在页面下方选中“启用”和“完美像素模式”复选框，在“控制类型”选项区中选中“局部重绘”单选按钮，选择合适的预处理器和模型，并设置“控制权重”为0.5、“引导介入时机”为0.3、“引导终止时机”为0.7，微调ControlNet插件的引导时机，让画面在有效的情况下更显美观，如图10-11所示。多次单击“生成”按钮，即可生成酷炫的二维码效果。

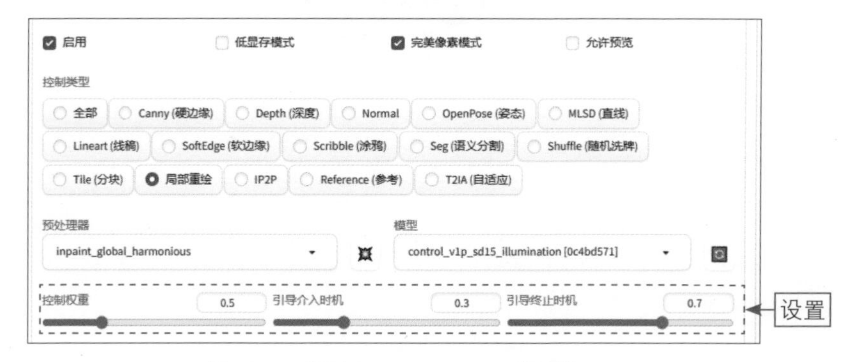

图10-11 设置ControlNet Unit 1的参数

10.3 【案例】：制作汽车产品广告

本案例主要介绍如何使用Stable Diffusion制作汽车产品广告，通过精美的图片展示出汽车产品的外形特点，能够更好地赢得客户的信任，并激发他们的购买欲望，效果如图10-12所示。

扫码看教学视频

图 10-12　最终效果

下面介绍制作汽车产品广告的操作方法。

步骤 01 进入“文生图”页面，选择一个写实类的通用大模型，输入相应的正向提示词和反向提示词，描述画面的主体内容并排除某些特定的内容，同时在其中添加一个专门画跑车的 Lora 模型参数，如图 10-13 所示。

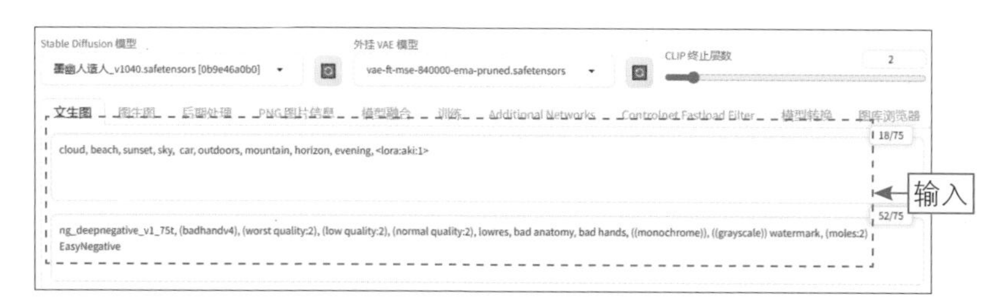

图 10-13　输入相应的提示词

步骤 02 在页面下方设置“迭代步数（Steps）”为30、“采样方法（Sampler）”为DPM++ 2M Karras、“宽度”为1024、“高度”为576、“总批次数”为2，让图像细节更丰富、精细，并将画面调整为横图形式，如图10-14所示。单击“生成”按钮，即可同时生成两张汽车产品广告图片。

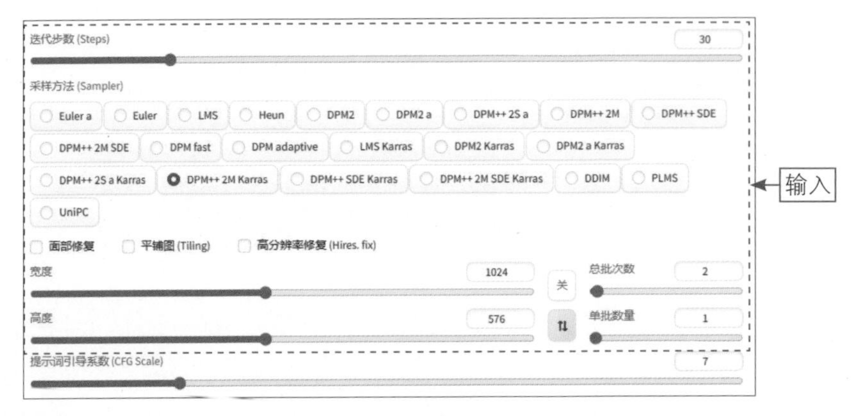

图 10-14　设置相应参数

10.4 【案例】：制作立体艺术文字

扫码看教学视频

本案例主要介绍如何使用Stable Diffusion制作立体艺术文字，它能够通过独特的视觉效果和立体感，让品牌形象更加突出和鲜明，效果如图10-15所示。

图 10-15　最终效果

下面介绍制作立体艺术文字的操作方法。

步骤 01 进入“文生图”页面，选择一个写实类的大模型，输入相应的正向提示词和反向提示词，描述画面的主体内容并排除某些特定的内容，增强画面的真实感，如图 10-16 所示。

图 10-16　输入相应的提示词

步骤 02 在页面下方设置“迭代步数（Steps）”为 50、“采样方法（Sampler）”为 DPM++ 2M Karras、“宽度”为 1024、“高度”为 576、“提示词引导系数（CFG Scale）”为 10，让图像细节更丰富、精细，并将画面比例调整为横图形式，同时增强提示词的引导作用，如图 10-17 所示。

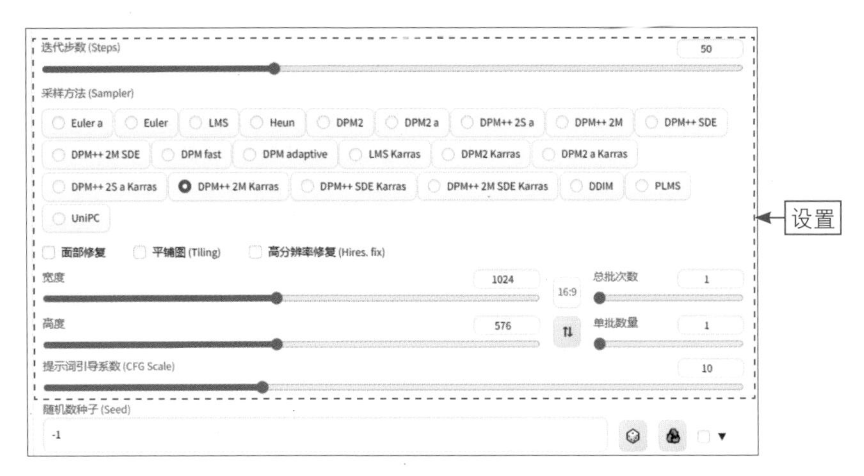

图 10-17　设置相应的参数

步骤 03 展开 ControlNet 插件选项区，在 ControlNet Unit 0 选项卡中上传一张文字原图，如图 10-18 所示。

步骤 04 在页面下方选中“启用”和“完美像素模式”复选框，在“控制类型”选项区中选中“Tile（分块）”单选按钮，选择合适的预处理器和模型，并设置“控制权重”为 0.75、“引导介入时机”为 0.3、“引导终止时机”为 0.7，微调ControlNet插件的引导时机，并调节画面的有效性和美观度，如图10-19所示。单击“生成”按钮，即可生成相应的立体艺术文字效果。

图 10-18　上传一张文字原图

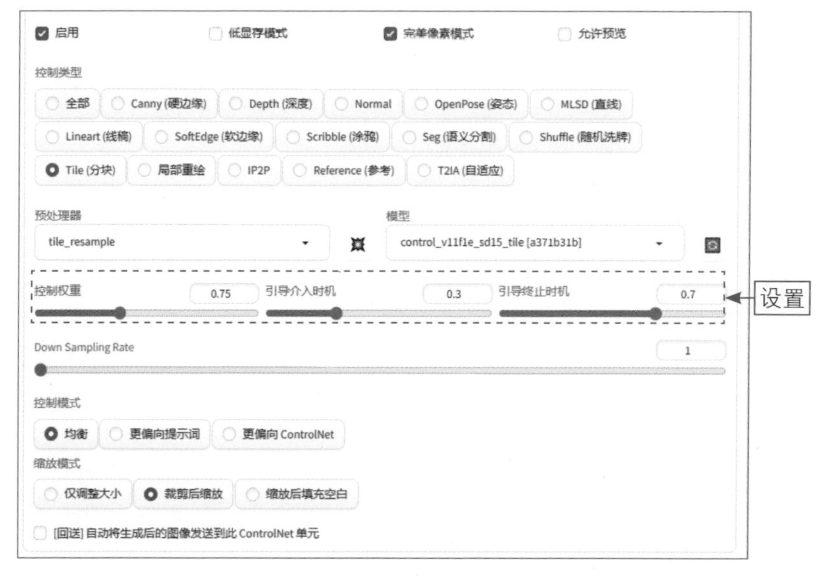

图 10-19　设置相应的参数

10.5 【案例】：设计室内装修效果图

本案例主要介绍如何使用Stable Diffusion设计室内装修效果图，通过模拟真实的照明、材质和颜色，提供一种逼真的视觉体验，让客户和设计师都能清晰地预见到最终的卧室装修效果，如图10-20所示。

扫码看教学视频

图 10-20　最终效果

下面介绍设计室内装修效果图的操作方法。

步骤 01 进入“文生图”页面，选择一个室内设计风格的通用大模型，输入相应的正向提示词和反向提示词，描述画面的主体内容并排除某些特定的内容，为图像带来更逼真的视觉效果，如图 10-21 所示。

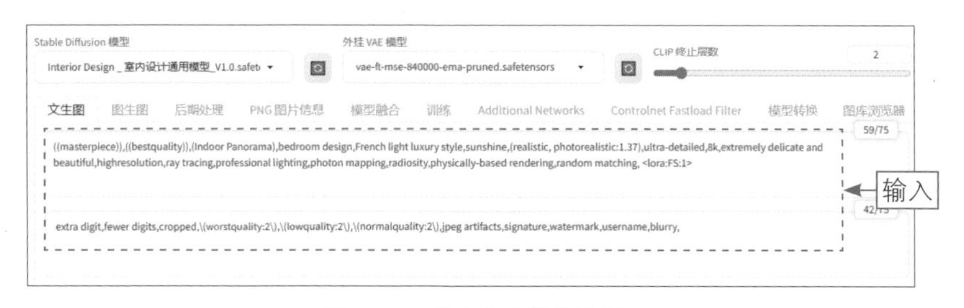

图 10-21　输入相应的提示词

步骤 02 在“生成”按钮的下方，单击“显示 / 隐藏扩展模型”按钮，显示扩展模型，切换至 Lora 选项卡，选择相应的室内设计 Lora 模型，如图 10-22 所示，即可在正向提示词的后面添加 Lora 模型参数，用于控制图像的画风。

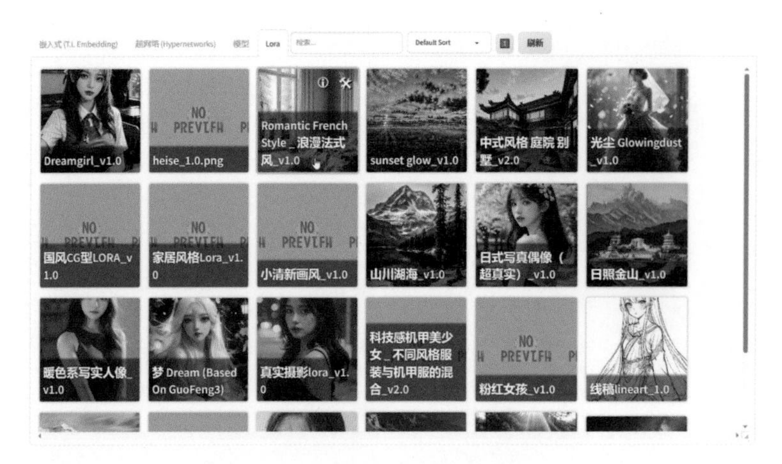

图 10-22　选择相应的室内设计 Lora 模型

步骤 03 在页面下方设置“迭代步数（Steps）”为 36、“采样方法（Sampler）”为 DPM++ 2M Karras、“宽度”为 576、“高度”为 1024、“总批次数”为 2，让图像细节更丰富、精细，并将画面调整为竖图形式，如图 10-23 所示。单击“生成”按钮，即可同时生成两张室内装修效果图。

图 10-23　设置相应的参数

10.6 【案例】：设计杂志海报插图

本案例主要介绍如何使用 Stable Diffusion 设计杂志海报插图，能够更好地吸引读者的注意，并传达出杂志的主题和价值观，效果如图 10-24 所示。

扫码看教学视频

图 10-24　最终效果

下面介绍设计杂志海报插图的操作方法。

步骤 01 进入“文生图”页面，选择一个二次元风格的大模型，输入相应的正向提示词和反向提示词，描述画面的主体内容并排除某些特定的内容，为图像带来更逼真的视觉效果，如图 10-25 所示。

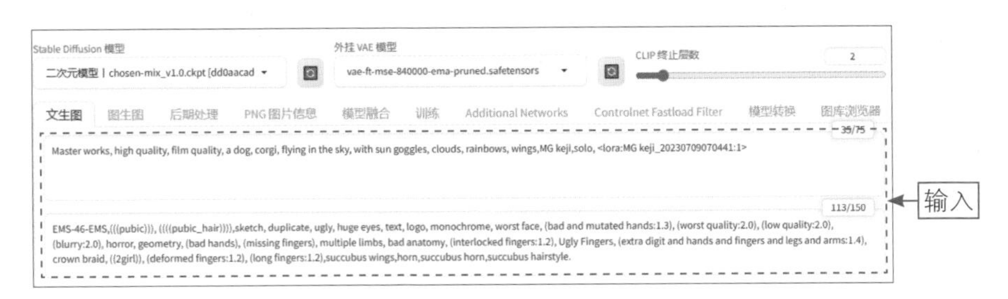

图 10-25　输入相应的提示词

★ 专 家 提 醒 ★

本案例使用的是一款动物 Lora 模型，主要用于生成柯基，同时有水下场景、室外、室内和机甲等元素的应用，而且输出的动物形体非常精准。该 Lora 模型的输入触发词为 MG keji，推荐底模为 chosen mix。

步骤 02 在“生成”按钮的下方，单击“显示 / 隐藏扩展模型”按钮，显示扩展模型，切换至 Lora 选项卡，选择相应的动物 Lora 模型，如图 10-26 所示，即可在正向提示词的后面添加 Lora 模型参数，用于生成柯基。

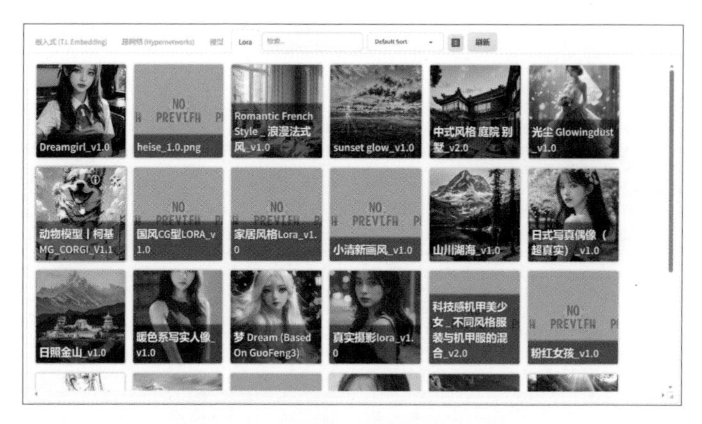

图 10-26　选择相应的动物 Lora 模型

步骤 03 在页面下方设置“迭代步数（Steps）”为 22、“采样方法（Sampler）”为 DDIM、“宽度”为 768、“高度”为 1024，让图像细节更丰富、精细，并将画面调整为竖图形式，如图 10-27 所示。单击“生成”按钮，即可生成相应的杂志海报插图。

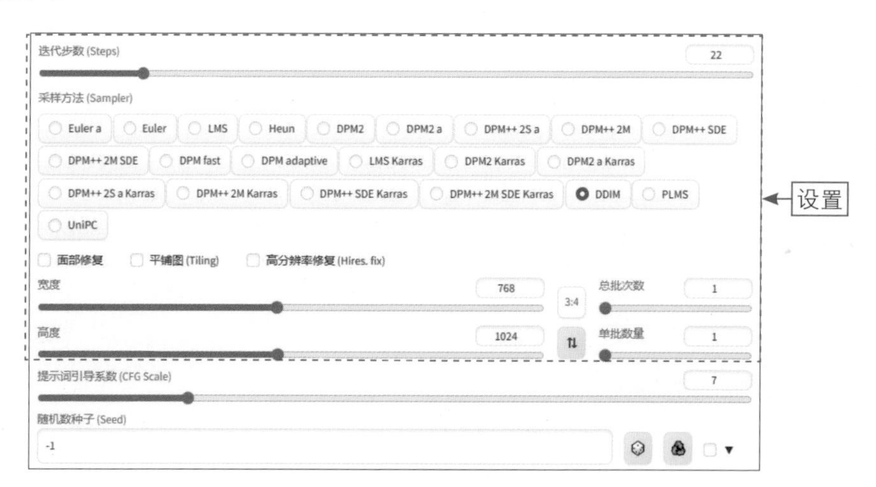

图 10-27　设置相应的参数

10.7 【案例】：设计玉石工艺品

扫码看教学视频

本案例主要介绍如何使用 Stable Diffusion 设计出具有独特风格和美感的玉石工艺品，适用于各种玉石工艺品的制作和生产，效果如图 10-28 所示。

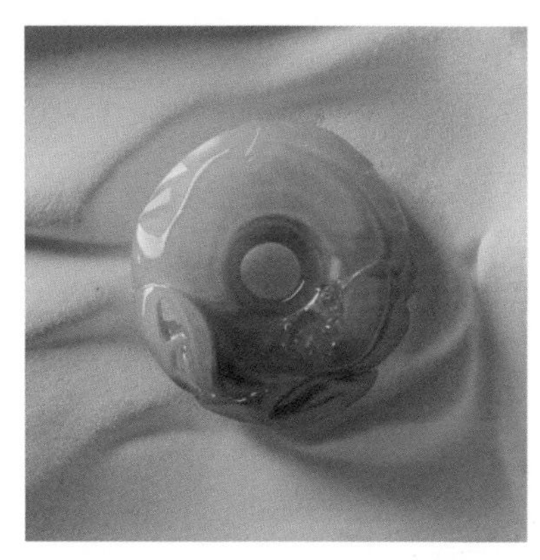

图 10-28　最终效果

下面介绍设计玉石工艺品的操作方法。

步骤 01 进入“文生图”页面，选择一个写实类的大模型，输入相应的正向提示词和反向提示词，描述画面的主体内容并排除某些特定的内容，同时在其中添加一个专门画玉石工艺品的 Lora 模型参数，如图 10-29 所示。

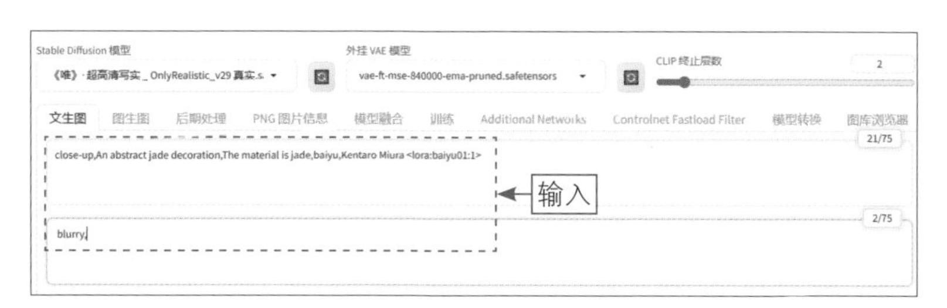

图 10-29　输入相应的提示词

步骤 02 在页面下方设置“迭代步数（Steps）”为 35、“采样方法（Sampler）”为 DPM++ SDE Karras，让图像细节更丰富、精细，如图 10-30 所示。多次单击“生成”按钮，即可生成相应的玉石工艺品效果图。

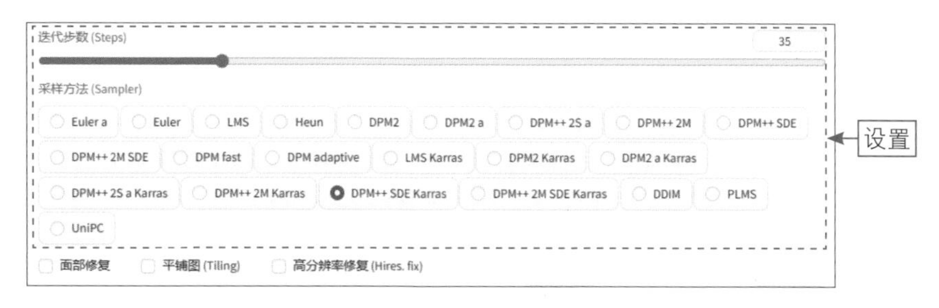

图 10-30　设置相应的参数

10.8 【案例】：给服装画上 AI 模特

扫码看教学视频

本案例主要介绍如何使用 Stable Diffusion 给服装画上 AI 模特，更好地展示服装的穿搭效果，从而吸引消费者的注意，效果如图 10-31 所示。

图 10-31　最终效果

下面介绍给服装画上 AI 模特的操作方法。

步骤 01 进入“图生图”页面，选择一个写实类的大模型，输入相应的正向提示词和反向提示词，描述画面的主体内容并排除某些特定的内容，同时在其中添加一个用于生成可爱风格的人物 Lora 模型参数，使其与服装更搭配，如图 10-32 所示。

图 10-32　输入相应的提示词

步骤 02 切换至“上传重绘蒙版”选项卡，分别上传相应的服装原图和蒙版，如图 10-33 所示。

图 10-33　上传相应的服装原图和蒙版

步骤 03 在页面下方设置“蒙版模式”为“重绘蒙版内容”、“采样方法（Sampler）”为 DPM++ SDE Karras、“重绘幅度”为 0.95，让图片产生更大的变化，同时将尺寸设置为与原图一致，如图 10-34 所示。

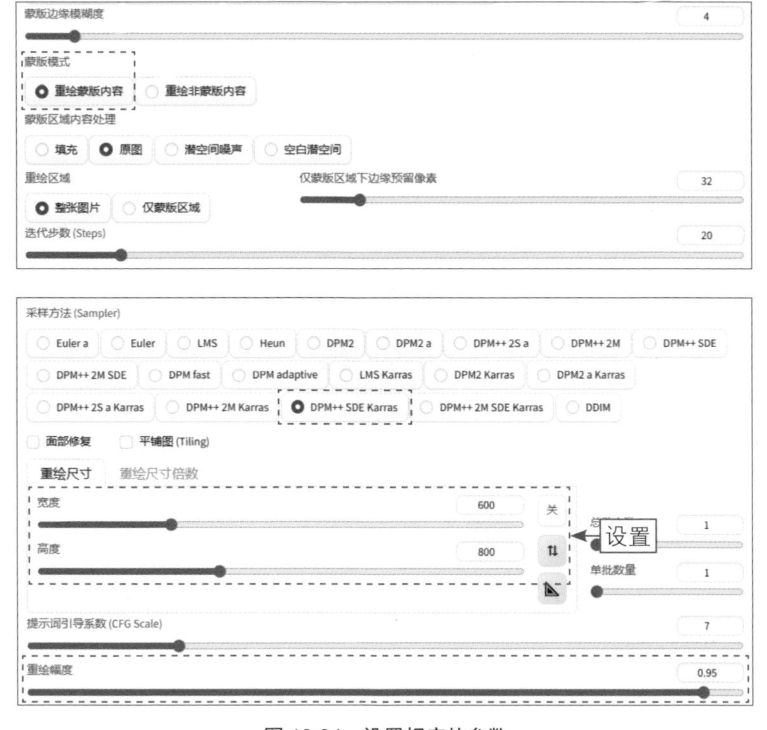

图 10-34　设置相应的参数

步骤 04 展开 ControlNet 插件选项区，在 ControlNet Unit 0 选项卡中上传服装原图，选中“启用”和“完美像素模式”复选框，在“控制类型”选项区中选中“Canny（硬边缘）”单选按钮，用于固定服装的样式不变，如图 10-35 所示。

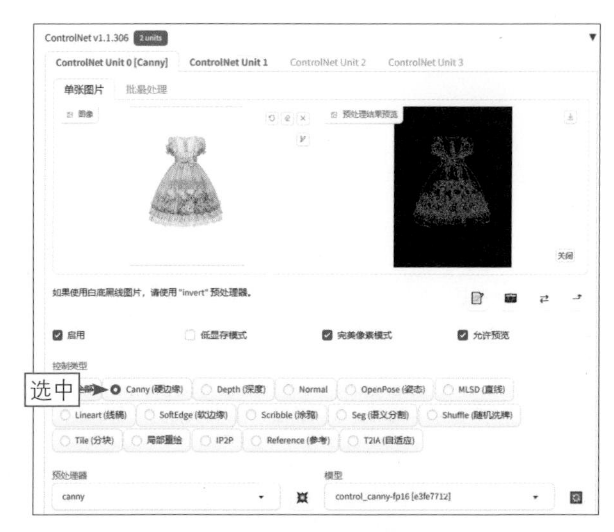

图 10-35　选中“Canny（硬边缘）”单选按钮

步骤 05 切换至 ControlNet Unit 1 选项卡，上传人物的动作姿势图，选中“启用”和“完美像素模式”复选框，设置“模型”为 control_openpose-fp16 [9ca67cc5]，用于固定人物的动作姿势，如图 10-36 所示。多次单击“生成”按钮，即可生成相应的 AI 模特效果。

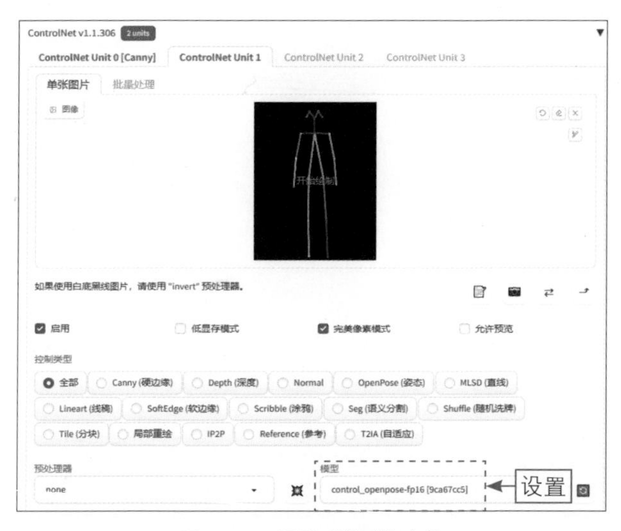

图 10-36　设置“模型”参数